Access
商务应用

对比Excel
学数据库管理技术

何先军◎编著

U0261105

中国铁道出版社有限公司
CHINA RAILWAY PUBLISHING HOUSE CO., LTD.

内 容 简 介

这是一本介绍如何使用 Access 进行数据管理的工具书。全书分为三部分共 12 章，通过"知识点＋实例演示"的模式进行介绍。第一部分主要通过解决具体实例问题，对使用 Excel 和 Access 解决该问题进行对比，并由此引出本书的主体 Access；第二部分则是对 Access 知识点进行具体讲解，并辅以大量的实例和操作步骤，让用户能够掌握 Access 的知识和操作；第三部分通过制作人力资源的薪酬管理系统，对前面讲解的知识进行综合实战。

本书适合希望快速入门学习 Access 数据库管理技术和在 Access 中使用 VBA 编程实现一些简单功能的用户，对于从事 Access 数据管理工作的职场人士也有很好的学习价值。

图书在版编目（CIP）数据

Access 商务应用：对比 Excel 学数据库管理技术／何先军
编著 . —北京：中国铁道出版社有限公司，2021. 12
ISBN 978-7-113-27618-8

Ⅰ. ①A… Ⅱ. ①何… Ⅲ. ①关系数据库系统 Ⅳ. ①TP311. 132. 3

中国版本图书馆 CIP 数据核字（2021）第 105569 号

书　　　名：Access 商务应用：对比 Excel 学数据库管理技术
　　　　　　Access SHANGWU YINGYONG: DUIBI Excel XUE SHUJUKU GUANLI JISHU
作　　　者：何先军

责任编辑：张　丹　　　　编辑部电话：（010）51873028　　　　邮箱：232262382@qq.com
封面设计：宿　萌
责任校对：孙　玫
责任印制：赵星辰

出版发行：中国铁道出版社有限公司（100054，北京市西城区右安门西街 8 号）
网　　址：http://www.tdpress.com
印　　刷：三河市宏盛印务有限公司
版　　次：2021 年 12 月第 1 版　2021 年 12 月第 1 次印刷
开　　本：700 mm×1 000 mm　1/16　印张：19.75　字数：314 千
书　　号：ISBN 978-7-113-27618-8
定　　价：79. 80 元

前　言

编写目的

虽然Excel也能对数据进行处理，但是随着数据越来越多，处理问题越来越复杂，这些需求已经超出了Excel所能处理的范围。因此在Office软件中引入了Access组件。

由于Access是Microsoft Office办公软件中的一个组件，因此其安装较为简便，且与Excel、Word等组件在特性上也有一致性，数据还可以进行一定的共享。

不仅如此，由于Access是一款功能非常全面的桌面数据库，它既可以创建个人使用的简单数据库，也可以创建公司中生产管理、人事管理等复杂的数据库。更重要的是，由于其功能强大，且操作简便，对于没有任何VBA编程基础和非计算机专业的读者都可以轻松上手。

为了让更多的用户掌握这个工具，快速、系统、方便地管理部门或者企业的数据，我们编写了这本书。全书通过对比Excel与Access的相关知识和操作进行讲解，让用户通过熟悉的Excel知识延伸并深入到Access中，学习更高效。

本书结构

本书12章，主要通过对Access的具体知识和操作进行详细讲解，让用户切实学会用Access对日常工作中的数据问题进行处理。全书主要分为3个部分，具体介绍如下。

知识划分	具体介绍
引入 Access 工具 （第 1 章）	这一部分主要通过具体的实例来对比使用 Excel 和 Access 解决问题的不同方法，从而引出本书要讲的 Access 工具
Access 主体知识 （第 2 ~ 11 章）	这部分系统地介绍了 Access 的相关知识和操作，让用户能够真正学会 Access 操作，包括系统学习 Access 必备的数据库知识、Access 中数据存储怎么做、数据表格式的设置与 Access 数据操作、利用查询执行数据的查找与检索、Access 中 SQL 查询的应用、在窗体中对数据进行可视化设置、借助宏实现自动化操作、VBA 编程的基本操作以及 Access 中数据库系统的集成操作
综合案例 （第 12 章）	这部分主要通过具体定制计件类薪酬管理系统的综合案例，对全书讲解的知识点和操作进行回顾和总结，让用户能够综合应用到实践中，学以致用

本书特点

◎内容丰富，由浅入深，层次分明

在知识点讲解过程中采取由浅入深，层层递进的方式，对Access的知识点进行系统的讲解，针对一些重要的知识点都配有具体的操作，细致全面。

◎图文结合，栏目插播，简洁全面

在知识安排上注重理论知识与实际操作相结合的方式，在整个案例制作与讲解的过程中，采用全程图解的方式，使整个操作步骤更加清晰，从而让读者可以更为轻松地学习和掌握相关内容。还有丰富的栏目来扩展知识的深度和广度。

特色板块

在本书主体知识讲解中安排了一个"Excel & Access对比学"的版块，该版块有两个作用：一是对比Excel的相似功能，让读者通过自己熟悉的Excel知识，从而快速理解相关的Access知识。二是从解决问题的简便程度上，让读者了解使用Access的一些自带功能，可以快速完成Excel中需要经过复杂过程才能解决的问题，让读者感受Access的便捷。通过与Excel对比进行学习，加深读者的印象，让用户可以更好地掌握相关Access知识。

读者对象

本书主要适用于希望掌握一定数据库管理技术和Access VBA编程技能的用户，特别是想通过简单学习就能制作出可实际应用数据库的管理人员、办公人员以及家庭用户等，也可作为各大、中专院校或相关培训机构的Access教学参考用书。

由于编者知识有限，在编写过程中难免出现纰漏或不足之处，恳请专家和读者不吝赐教。

资源赠送下载包

为了方便不同网络环境的读者学习，也为了提升图书的附加价值，本书案例素材及效果文件，请读者在电脑端打开链接下载获取学习。 扫一扫，复制网址到电脑端下载文件

出版社网址：http://www.m.crphdm.com/2021/1027/14395.shtml

网盘网址：https://pan.baidu.com/s/1JmF3lQmpP6hT5RQtcHvWlQ

提取码：a4m9

编　者

2021年9月

目　录

第1章　从Excel到Access，你需要了解什么

第2章　系统学习Access必备的数据库知识

第3章 Access中数据的存储怎么做

第5章　利用查询执行数据的查找与检索

第7章 在窗体中对数据进行可视化控制

第8章　使用报表呈现数据库数据

第10章 VBA编程的基本操作

第1章
从Excel到Access，你需要了解什么

Excel和Access都是Office软件中的重要组件，在商务办公中也被广泛应用。在一些基本的数据管理问题上，二者都可以很好地完成，但是二者之间也存在明显的差异。那么，在工作中如何选取这两个工具呢？本章就来对比一下二者的优势，并分别讲解其解决问题的方法和特点，让用户对两个工具有进一步的认识，也让读者对数据库有一个基本的了解，为后面具体学习Access打下基础。

运用Excel分析并解决问题

模拟情景，提出问题
解析运用Excel解决问题的思路
运用Excel完成数据分析

运用Access分析并解决问题

对Excel和Access解决实例问题的总结

Excel&Access，工作中应该怎么选

数据计算与分析多，选用Excel工具
Excel在数据管理方面存在的局限
大数据的可视化管理，首选Access工具

学习Access难吗

1.1 运用Excel分析并解决问题

或许你不了解Access，但是对Excel总不会觉得陌生，它作为强大的数据存储、计算和分析工具，对于大部分职场人士来说，或多或少都使用该工具处理过数据。本节将通过一个实例和大家一起来回顾一下运用Excel如何分析并解决问题。

1.1.1 模拟情景，提出问题

假如某销售公司在销售产品的过程中用Excel制作了一张销售统计表，用于记录产品的销售情况，该表格里面详细记录了订单编号、商品名称、数量、仓库以及单价等数据，如图1-1所示。

订单编号	商品名称	数量	仓库	单价	金额
FPX00001	永诺无线一体触发器 C1	1	数码B3	¥ 185.00	¥ 185.00
FPX00002	圣奇仕 NB-4L	8	数码C6	¥ 18.00	¥ 144.00
FPX00003	肯高 PRO1 77mm CPL （W） 数码超薄	1	数码B3	¥ 445.00	¥ 445.00
FPX00004	58mm遮光罩	3	数码C6	¥ 15.00	¥ 45.00
FPX00005	肯高 72mm UV 纸	3	公司总仓	¥ 10.00	¥ 30.00
FPX00006	佳能 IXUS1000HS BW(褐)	5	数码B3	¥ 1,590.00	¥ 7,950.00
FPX00007	国家地理 NG-2343	4	公司总仓	¥ 330.00	¥ 1,320.00
FPX00008	品胜 S005E	1	数码C6	¥ 25.00	¥ 25.00
FPX00009	沣标 S005E	4	数码B3	¥ 16.00	¥ 64.00
FPX00010	佳能 S95	20	数码B3	¥ 2,570.00	¥ 51,400.00
FPX00011	圣奇仕 LP-E8	7	公司总仓	¥ 40.00	¥ 280.00
FPX00012	创见 8G SD	4	数码C6	¥ 65.00	¥ 260.00

图1-1

而财务部门收到相应订单的尾款后，要制作已付订单统计表，其中包含订单编号、支付时间和经手人的相关数据，如图1-2所示。

订单编号	支付时间	经手人
FPX00011	2019年11月25日	陈黎
FPX00012	2019年11月25日	陈黎
FPX00013	2019年11月25日	陈黎
FPX00014	2019年11月25日	陈黎
FPX00015	2019年11月25日	陈黎
FPX00016	2019年11月25日	陈黎
FPX00017	2019年11月25日	陈黎
FPX00018	2019年11月25日	陈黎
FPX00019	2019年11月25日	陈黎
FPX00020	2019年11月25日	陈黎
FPX00021	2019年11月25日	陈黎
FPX00022	2019年11月25日	陈黎

图1-2

现在需要根据已支付的订单编号在销售统计表中查找出已支付尾款的订单信息，存放到一张新建的"已付订单详情"工作表中，并对各个订单进行计算，对销售记录按销售金额进行排序。

1.1.2 解析运用Excel解决问题的思路

要通过Excel解决该问题，首先需要了解相关知识，包括查询函数的使用、工作表和单元格的引用、数据排序等。本例中使用到的查询函数有VLOOKUP()函数和COLUMN()函数，下面分别进行介绍。

VLOOKUP()函数的作用是在数据表或数据表的首列查找指定的数据，其语法格式为：VLOOKUP(lookup_value,table_array,col_index_num,range_lookup)

◆ lookup_value：要在数据表区域的第一列查找的值，可以是数值、引用或文本字符串。

◆ table_array：要查找的区域，指数据表区域。

◆ col_index_num：返回数据在查找区域的第几列的列号，为正整数。

◆ range_lookup：用于指定函数在查找时是模糊匹配还是精确匹配，当参数值为TRUE（或不填），表示模糊匹配；当参数值为FALSE，表示精确匹配。

COLUMN()函数用于获取单元格或单元格区域的列号，其语法格式为：COLUMN(reference)，reference用于指定需要得到其列标的单元格或单元格区域。例如COLUMN(B5)表示获取B5单元格的列号，为2。（ROW()函数表示获取单元格或单元格区域的行号）

了解了使用的函数后，就需要了解使用Excel解决问题的步骤，如表1-1所示。

表 1-1

步骤	具体介绍
步骤 1	通过 VLOOKUP() 函数和 COLUMN() 函数查找到已支付尾款订单号对应的订单信息，并将其保存到新的工作表中
步骤 2	根据单价和数量信息，通过公式计算各个订单的销售金额
步骤 3	通过排序的方式对销售金额数据进行排序

要使用Excel解决上述的问题，只能在数据量有限的情况下进行，如果数据量过大，可能导致打开数据表或进行计算等操作时Excel无响应，或直接崩溃。

1.1.3 运用Excel完成数据分析

了解了问题的解决流程后，下面具体介绍问题的解决过程。

素材文件	◎素材\Chapter 1\销售情况表.xlsx
效果文件	◎效果\Chapter 1\销售情况表.xlsx

Step 01 打开Excel素材，❶新建"已付订单详情"工作表，❷将"销售统计表"工作表中的表头复制过来，如图1-3所示。

Step 02 ❶选择A2单元格，❷在编辑栏中输入"=VLOOKUP(已付订单统计表!$A2,销售统计表!$A:$G,COLUMN(A$2),1)"公式，进行计算，如图1-4所示。

图1-3   图1-4

Step 03 拖动A2单元格右下角的控制柄向下和向右进行填充即可获取已收回尾款的订单数据，其中时间数据显示不正确，如图1-5所示。

Step 04 ❶选择G列所有单元格，❷单击"开始"选项卡"数字"组中的"数字格式"下拉按钮，❸选择"长日期"选项即可，如图1-6所示。

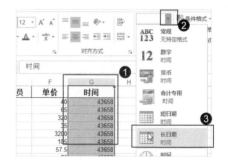

图1-5   图1-6

Step 05 新建"销售金额"表头，❶选择下方需要计算销售金额的单元格，❷在编辑栏输入"=C2*F2"，按【Ctrl+Enter】组合键进行计算，如图1-7所示。

Step 06 保持所有销售金额结果单元格区域的选中状态，❶单击"开始"选项卡"数字"组中的"数字格式"下拉按钮，❷选择"会计专用"选项更改销售金额单元格的数字格式，如图1-8所示。

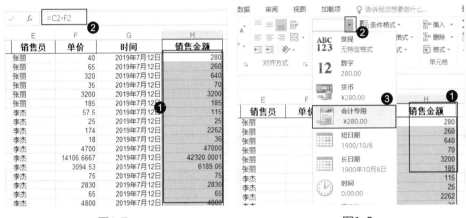

图1-7　　　　　　　　　　　　　　　　　　图1-8

Step 07 ❶选择任意销售金额结果单元格，❷单击"数据"选项卡，❸在"排序和筛选"组中单击"降序"按钮，完成所有设置后，其最终效果如图1-9所示。

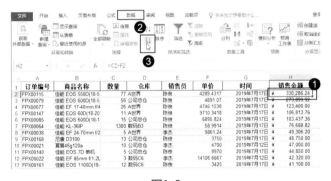

图1-9

1.2 运用Access分析并解决问题

Access作为Office办公软件中的重要组件，不仅能进行数据处理与分析，还能存储海量数据，作为小型桌面数据库管理软件，更能够实现窗体软件的制作。

　　如果在Access中解决上述问题将会变得非常轻松，❶新建空白数据库，❷导入这两张工作表（具体操作后面章节会介绍），如图1-10所示。

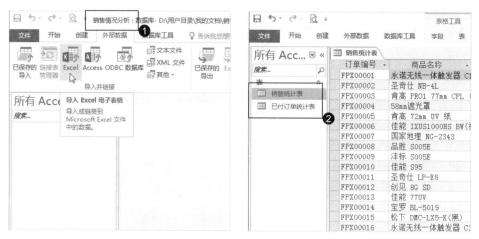

图1-10

　　❶新建查询，切换至SQL视图，输入查询代码，❷将查询保存为"已付订单查询"，切换至设计视图，添加一个字段计算各订单销售金额，如图1-11所示。

图1-11

　　上述查询语句的含义是查询两张表中订单编号相同的部分，只输出"销售统计表"数据表中的记录。其中INNER JOIN为右外连接的关键字，相关内容在本书第6章中会进行详细介绍。

　　❶单击"销售金额"字段对应的"排序"栏中的下拉按钮，❷选择"降序"选项，❸设置"销售金额"字段的格式为"货币"，并关闭创建的查询。然后双击打开该查询，即可看到Access查询获取的最终效果（效果\Chapter 1\销售情况分析.accdb），如图1-12所示。

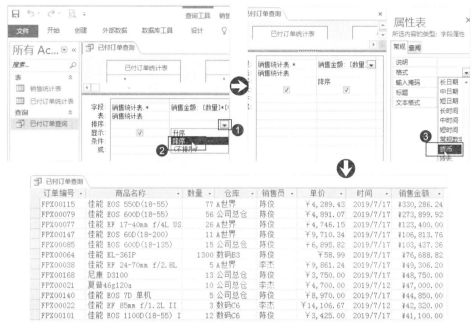

图1-12

1.3 对Excel和Access解决实例问题的总结

1.1.1节模拟的实例是一个典型的数据管理问题，从表面上来看，运用Excel和Access都能完成。但是在解决问题的过程中，我们有以下3点明显的感觉。

◆ 第一，知识储备多少的问题。

在Excel中，我们要从多张表中查询指定的数据，并将其显示出来，要手动根据目标需求建立对应的数据查询结果表，然后要了解公式的应用，不同工作表中的单元格引用以及挑选合适的函数并掌握函数的应用。

而在使用Access解决问题时，只需要将相关的两张数据源表格导入Access中，编写一句查询语句即可完成。如果数据源表格本身就在Access中建立，此时只需要编写查询语句即可完成。

◆ 第二，电脑运行速度快慢的问题。

对于使用Excel工具，如果数据量很大，再加上在Excel表格中还包含了许多的公式，此时电脑的运行速度会大大降低。而Access有一个核心的数据处理利器——SQL语句，正因为Access通过SQL预处理信息，因此加载速度比Excel逐条加载要快，从而快速处理Access表格中的数据。

◆ 第三，查错过程是否烦琐的问题。

由于运用Excel解决问题会使用很多公式和函数，尤其对于函数的使用过程中，参数位置引用错误、函数使用错误造成数据结果出现错误时，查找错误相对而言比较烦琐。而在Access中，由于只有一条SQL语句，因此查找目标清晰，相对而言排查错误的效率要高一些。

综上，对于本例的问题，相比而言，与其花费大量的时间去研究或寻找使用Excel解决问题的方案，不如尝试使用Access来进行处理，化繁为简，也能快速解决问题。

1.4　Excel和Access，工作中应该怎么选

在前面的讲解中，我们了解了，针对1.1.1节的问题，使用Access比使用Excel解决问题更简便一些，效率也更高一些。但是也不能说Access就能完全替代Excel，从此我们只学习Access而抛弃Excel。相反，Excel在某些方面甚至胜过Access。

那么，在实战工作中我们应该怎么选择这两种工具呢？下面我们分别介绍二者的使用领域，从而让用户可以根据自身的使用情况，选择更合适的工具。

1.4.1　数据计算与分析多，选用Excel工具

在Office软件中，Excel以强大的数据计算和分析功能而被广大用户熟知，其中最好用的功能有利用公式和函数进行数据计算，使用图表进行数据结果的直观展示以及使用数据透视表进行数据的动态分析。如图1-13～图1-15分别展示了Excel的这几个强大功能的应用。

| K3 | | : | × ✓ fx | {=FREQUENCY(G2:G41,J3:J7)} |

	B	C	D	E	F	G	H	I	J	K
1	商品名称	供应价	零售价	条形码	月销量	利润		商品利润区间分析		
								利润区间	区间分割点	商品数目
2	××玫瑰香皂120G	¥ 2.61	¥ 3.00	6921469880009	233	¥ 90.87		0元～100元(含)	100	2
3	××柠檬香皂120G	¥ 2.61	¥ 3.00	6921469880016	322	¥ 125.58		100元～500元(含)	500	7
4	××三块装120G*3	¥ 7.52	¥ 8.65	6921469880047	601	¥ 679.13		500元～1000元(含)	1000	11
5	××3+1块装120G*4	¥ 7.52	¥ 8.65	6921469880047	661	¥ 746.93		1000元～2000元(含)	2000	8
6	牛奶香皂120G	¥ 4.25	¥ 5.40	8801051115017	158	¥ 181.70		2000元～3000元(含)	3000	6
7	宝瓜香皂120G	¥ 4.25	¥ 5.40	8801051123074	896	¥ 1,030.40		3000元以上		6
8	竹盐香皂120G	¥ 5.15	¥ 6.20	8801051122084	365	¥ 383.25				
9	竹盐牙膏80G	¥ 6.50	¥ 7.80	6921469850026	768	¥ 998.40				
10	竹盐牙膏120G	¥ 8.70	¥10.50	6921469850019	369	¥ 664.20				
11	竹盐牙膏170G	¥ 10.80	¥13.10	6921469850002	125	¥ 287.50				

Sheet1 (+)

图1-13　利用FREQUENCY()函数统计出各个利润区间的商品数目

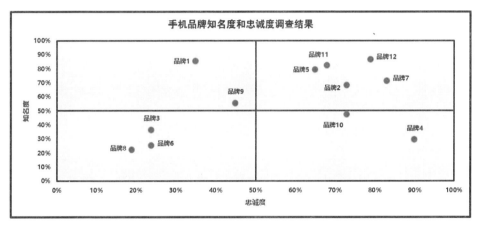

图1-14　通过四象限散点图来分析数据的相关性

	A	B	C	D	E	F	G	H	I
4	地区	城市	国标丝杆	六角螺母	螺纹套	膨胀螺丝钉	轴承	总计	
5	东北	赤峰	3800.914				9379.16	13180.074	
6		大连		41010	37700		40009.44	118719.44	
7		哈尔滨	13824	45564.8				59388.8	
8		沈阳		25918.2		24451		50369.2	
9		伊春		91838.9				91838.9	
10	东北 汇总		17624.914	204331.9	37700	24451	49388.6	333496.414	
11	华北	北京	20064		59670			79734	
12		衡水	9088	46919.4				56007.4	
13		山西	60234.72		43200			103434.72	
14		石家庄	19863.36			23050.5	90145.88	133059.74	
15		太原		64762.944				64762.944	
16		天津		45477.8		60299.316		105777.116	
17		张家口				59412.5	8740.38	68152.88	
18	华北 汇总		109250.08	157160.144	102870	142762.316	98886.26	610928.8	
19	华东	常州		34841.18	97644			132485.18	
20		合肥	82020	3166.8			11727.066	96913.866	
21		济南	42328			59385.8	47818.4476	149532.2476	

数据源 | 商品月销售报表 | 公司月营业收入结构占比分析 … (+)

图1-15　通过数据透视表分析商品的月销售情况

1.4.2 Excel在管理数据方面存在的局限

Excel作为一款门槛相对较低的数据分析工具，用户经过简单的学习即可制作出需要的表格，这些表格具有存储数据的功能，并且在Excel中也有一些简单的数据管理功能供用户使用。但是对于要处理成千上万条数据时，或者管理功能需求多的情况下，Excel作为一款自由的数据分析软件，仍然存在许多的局限。

◆表格结构设计自由，部分功能在非“规范”的表格中不起作用

在Excel中，表格是一种“自由”的表格，即用户可以根据需求随意设计表格外观，程序对表格的结构、内容没有强制性的规范化的要求。但是这些自由使得某些不规范的表格致使Excel中的部分功能不能使用，或者得到错误的结果。

例如，在Excel中提供了合并单元格功能，通过这个功能，可以更好地对表格进行布局，从而制作出外观清晰的表格结构，方便用户查阅，如图1-16所示的工资表中将相同的部门进行了合并。

	A	B	C	D	E	F	G	H	I	J	K
1	编号	姓名	部门	基本工资	保险扣除	考勤扣除	奖金总额	实际工资	个人所得税	税后工资	实发工资
2	QD2001104	赵杰	总务处	¥ 2,500.00	¥ 269.16	¥ 30.00	¥ 3,045.00	¥ 5,245.84	¥ 69.58	¥ 5,176.26	¥ 5,176.26
3	QD2001105	钟亭亭		¥ 2,500.00	¥ 269.16	¥ 10.00	¥ 1,275.00	¥ 3,495.84	¥ -	¥ 3,495.84	¥ 3,495.84
4	QD2001108	张伟		¥ 3,000.00	¥ 269.16	¥ 20.00	¥ 300.00	¥ 3,010.84	¥ -	¥ 3,010.84	¥ 3,010.84
5	QD2001121	龚燕		¥ 2,500.00	¥ 269.16	¥ 30.00	¥ 3,045.00	¥ 5,245.84	¥ 69.58	¥ 5,176.26	¥ 5,176.26
6	QD2001126	王宏涛		¥ 3,000.00	¥ 269.16	¥ 10.00	¥ 300.00	¥ 3,020.84	¥ -	¥ 3,020.84	¥ 3,020.84
7	QD2001129	张文泉		¥ 4,500.00	¥ 269.16	¥ 10.00	¥ 5,815.00	¥ 10,035.84	¥ 752.17	¥ 9,283.67	¥ 9,283.67
8	QD2001132	谢晋		¥ 2,500.00	¥ 269.16	¥ 30.00	¥ 3,045.00	¥ 5,245.84	¥ 69.58	¥ 5,176.26	¥ 5,176.26
9	QD2001133	赵磊		¥ 2,500.00	¥ 269.16	¥ 10.00	¥ 1,275.00	¥ 3,495.84	¥ -	¥ 3,495.84	¥ 3,495.84
10	QD2001136	陈东		¥ 3,000.00	¥ 269.16	¥ 20.00	¥ 300.00	¥ 3,010.84	¥ -	¥ 3,010.84	¥ 3,010.84
11	QD2001141	王小波		¥ 2,500.00	¥ 269.16	¥ 30.00	¥ 250.00	¥ 2,450.84	¥ -	¥ 2,450.84	¥ 2,450.84
12	QD2001106	刘岩	后勤部	¥ 5,000.00	¥ 269.16	¥ 100.00	¥ 500.00	¥ 5,130.84	¥ 58.08	¥ 5,072.76	¥ 5,072.76
13	QD2001107	赵磊		¥ 3,000.00	¥ 269.16	¥ 30.00	¥ 300.00	¥ 3,000.84	¥ -	¥ 3,000.84	¥ 3,000.84
14	QD2001118	陈昭翔		¥ 4,500.00	¥ 269.16	¥ 10.00	¥ 5,815.00	¥ 10,035.84	¥ 752.17	¥ 9,283.67	¥ 9,283.67
15	QD2001119	董晓佳		¥ 2,500.00	¥ 269.16	¥ 10.00	¥ 2,975.00	¥ 5,195.84	¥ 64.58	¥ 5,131.26	¥ 5,131.26
16	QD2001120	冯家燕		¥ 2,500.00	¥ 269.16	¥ 10.00	¥ 2,835.00	¥ 5,055.84	¥ 50.58	¥ 5,005.26	¥ 5,005.26

3月

图1-16　在工资表中将部门数据进行合并

合并部门后的表格，视觉上查看表格内容虽然比较清晰，但是这种“清晰”Excel程序却不认识。

例如，此时对这个工资表的数据进行筛选操作，将总务处的所有数据记录筛选出来，结果却只显示了一条数据记录。其筛选结果的最终效果如图1-17所示。

编号	姓名	部门	基本工资	保险扣险	考勤扣险	奖金总额	实际工资	个人所得税	税后工资	实发工资
QD2001104	赵杰	总务处	￥2,500.00	￥269.16	￥30.00	￥3,045.00	￥5,245.84	￥69.58	￥5,176.26	￥5,176.26

图1-17 对部门存在合并单元格的表格进行筛选操作

这里的合并单元格影响了数据分析，是因为合并单元格时，只有首个单元格中有数据，其他单元格都是空白单元格。即在图1-16中，将C2:C11单元格合并后，虽然我们肉眼看到的是C2:C11单元格区域中的每个单元格中都是"总务处"数据，但是事实上，Excel只能判断出C2单元格中的值是"总务处"数据，C3:C11单元格区域中的每个单元格中的值都是空白，所以在筛选数据时，程序只能筛选出一条数据记录。

◆ 表与表之间是相互独立的个体，仅仅靠公式引用让表格产生关系

在Excel中，没有对表间关系进行明确限制，多是由用户自己决定，通常情况下是不存在任何关系的，都是独立的个体。即使让两个表产生关系，也是通过公式函数进行数据的相互引用，从而产生联系。

对于表与表之间的数据记录，是可以不存在任何关联的。即使某个数据在另一个表中不存在，最多导致数据引用错误，或者查无结果，不会造成其他影响。

总的来说，Excel最强的并不是表和表之间的查询统计，它主要强在对单个表进行的各种操作。

1.4.3 大数据的可视化管理，首选Access工具

这里所说的大数据是指数据量大的表格，从前面我们已经知道，Access在处理成千上万条数据方面的能力是强于Excel的。除此之外，Access在数据管理方面，还存在一些独特的特点，具体如下。

◆ Access中对数据表的结构有明确的规范要求，这个规范限制了用户自由设计表格结构的想法，用户只能按照程序的要求，设计程序能够操作的表格，从而确保Access的所有功能都能在表格中实现。

◆ Access处理的表，大都都是有相互关联的，即在整个Access数据库系统中，记录与记录之间存在一定的关联关系。例如，在"人员工资"表中

添加一行，这个人是新员工，它在"员工信息表"表中还没有记录。这种情况在Excel里是允许的，当在工资表中添加了这条工资记录，这两个表单数据的"一致性"就被破坏了，因为工资表里出现了一个"员工信息表"表中没有的人。但是这种情况在Access中是不被允许的，这就确保了数据的完整性。

◆ 可视化操作是Access管理数据最大的优势，在Access中，程序提供了窗体、报表、查询等模块，这些模块都可以根据向导提示完成，也可以根据需要进行自定义布局设计，使得数据管理操作更简便。而且还可以方便地开发各类小型数据库系统管理软件，如薪酬管理系统、生产管理系统、销售管理系统、库存管理系统、图书管理系统等。

综上所述，Access是为处理关系数据而设计的，而Excel最适用于平面数据结构。即：如果要对某一类数据进行关系型管理，且随着时间的推移，数据可能越来越多，各数据之间的完整性也存在关联关系，那么选用Access工具比较好。如果用户的需求就是简单地对一些整理好的数据进行处理和分析，从而得到某一个结果，或者为某项决策提供数据分析依据，那么，使用Excel工具就完全足够。

1.5 学习Access难吗

有些人在听到Access是一个小型的桌面数据库工具时就觉得头疼，认为很复杂，其实不是。

◆ Access是Office软件中的一个组件，因此其大部分操作都是可视的，与操作Excel程序差不多。

◆ Access有许多功能与Excel相似，因此对于熟悉Excel的用户来说，上手会更快。

◆ 开发小型的数据库管理系统是Access最大的特色，但是初学者和非计算机专业的用户不用担心自己没有VBA编程基础，因为在Access中，程序提供了功能强大的"宏"功能，用户几乎可以抛弃VBA，以鼠标拖动的方式，把Access中各种基础的操作按照自定义的顺序排列起来，形成连续、定制化的逻辑，轻松完成数据处理的自动化操作，大大降低Access的学习难度。

下面，我们就一起来从零开始学习Access这个数据库管理工具，并掌握其在实战工作中的具体应用。

第2章
系统学习Access
必备的数据库知识

通过第1章的学习我们已经知道了Access是一个桌面数据库工具。那么，什么是数据库？有哪些数据库基础知识需要我们提前掌握？在Access中对数据库可以进行哪些操作？带着这些疑问，我们开始本章内容的学习。

Access数据库基础入门

认识数据库管理中的数据模型
掌握关系数据库系统中的各种术语
五步完成数据库的设计

数据库的基本操作

创建数据库
保存数据库
打开和关闭数据库
数据库的安全管理

在导航窗格中操作对象

打开指定对象
复制对象副本
重命名不适合的对象名称
删除不需要的对象

▼ Excel和Access对比学：基本构成问题

1. Excel的三大基本构成元素

Excel是一款专业的数据存储、管理与分析工具，其操作环境中主要由三大基本元素构成，分别是工作簿、工作表和单元格。

在Excel中，工作簿是一个Excel文件，是所有工作表的集合体，它主要用于存储和处理数据。每个工作簿中至少包含一张工作表，最多包含225张工作表。

工作表是显示在工作簿窗口中的表格，是工作簿的基本组成单位。一张工作表可以由1 048 576行和16 384列构成。单元格是工作表中最小的单位，是用来存放数据的载体。

2. Access的六大对象认识

Access的操作环境与Excel有明显的不同，在Access中有六大对象，分别是表、查询、窗体、报表、宏和模块，用户可以通过它们对数据库数据进行管理和共享。

（1）表是数据库的基本对象，是创建其他5种对象的基础。表由记录组成，记录由字段组成，表用来存贮数据，故又称数据表。

（2）查询可以按索引快速查找到需要的记录，按要求筛选记录并能连接若干个表的字段组成新表。

（3）窗体提供了一种方便浏览、输入及更改数据的窗口，还可以创建子窗体显示相关联的表的内容。窗体也称表单。

（4）报表的功能是将数据库中的数据分类汇总，以便分析。

（5）宏相当于DOS中的批处理，用来自动执行一系列操作。Access列出了一些常用的宏操作供用户选择，使用起来十分方便。

（6）模块的功能与宏类似，但它定义的操作比宏更精细和复杂，用户可以根据自己的需要编写程序。其编写场所是Visual Basic编辑器。

2.1 Access数据库基础入门

在使用Access之前，首先需要对数据库的相关概念知识和术语有一定的了解。用户可以在熟悉Access数据库的同时，掌握更多与数据库有关的知识。

2.1.1 认识数据库管理中的数据模型

数据模型是对现实世界特征的模拟和抽象。从前面的知识我们知道数据库可划分为层次式数据库、网络式数据库和关系式数据库，这3种数据库对应的数据模型分别为层次模型、网状模型和关系模型，下面分别进行介绍。

◆ 层次模型

层次模型的基本结构是树形结构，将数据组织成一对多关系的结构，层次结构采用关键字来访问其中每一层次的每一部分。

优点是存取方便且速度快；结构清晰，容易理解；数据修改和数据库扩展容易实现；检索关键属性十分方便。缺点是结构呆板，缺乏灵活性。

层次模型的特点是：①有且仅有一个节点没有父节点，该节点被称为根节点；②其他节点有且只有一个父节点。如图2-1所示为公司体系结构的层次结构图。

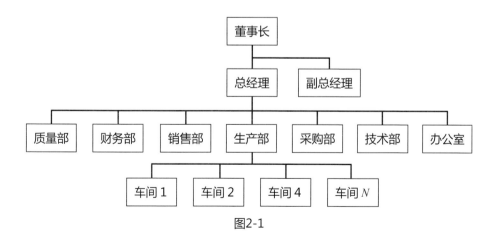

图2-1

◆ 网状模型

网状模型的基本结构是一个不加任何限制条件的无向图，主要用连接指令或指针来确定数据间的显式连接关系，是具有多对多类型的数据组织方式。

优点是能明确而方便地表示数据间的复杂关系；数据冗余小。缺点在于网状结构的复杂，增加了用户查询和定位的困难；需要存储数据间联系的指针，使得数据量增大；数据的修改不方便。

网状模型的特点是：①允许节点没有父节点；②允许节点有多个父节点。如图2-2所示为某学校的教务管理系统，从图中可以看到，课程的父节点由专业、教研室和学生组成。从课程和学生之间的关系来看，它们是多对多的关系，即一个学生可以选择多门课程，而一门课程也可以被多个学生同时选择。

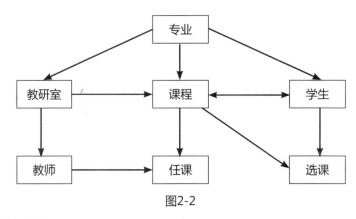

图2-2

◆ 关系模型

关系模型为非格式化的结构，用单一的二维表结构表示实体及实体之间的联系。以记录组或数据表的形式组织数据，以便利用各种地理实体与属性之间的关系进行存储和变换，不分层也无指针，是建立空间数据和属性数据之间关系的一种非常有效的数据组织方法。

如图2-3所示为简单的学校选课，学生、老师等对应的关系模型结构。

学生

学号	学生姓名	性别	年龄

课程

课程编号	课程名	学分

教师

教师编号	教师姓名	性别	年龄

选课

学号	课程编号	成绩

图2-3

TIPS 面向对象模型

面向对象模型是采用面向对象的方法来设计数据库。面向对象的数据库存储对象是以对象为单位，每个对象包含对象的属性和方法，具有类和继承等特点。

优点：适合处理各种各样的数据类型，面向对象数据模型提供强大的特性，如继承、多态和动态绑定，能提高数据库应用程序开发人员的开发效率。

缺点：面向对象数据模型很难提供一个准确的定义来说明面向对象DBMS应建成什么样，面向对象数据模型适合于需要管理数据对象之间存在复杂关系的应用，当用于普通应用时，其性能会降低并要求很高的处理能力。

2.1.2　掌握关系数据库系统中的各种术语

要想真正学懂Access，了解Access数据库的相关术语很重要，下面具体介绍其中几个常用的术语。

◆ **数据库**

前面具体介绍了数据库，Access数据库属于小型数据库，是一种关系型结构的数据库。Access数据库界面友好、易操作、集成环境、能处理多种信息、能够面向对象开发。

◆ 表

与Excel相似，在Access中表是数据库中存放数据的容器，它将各实体的数据放置在列中，如图2-4所示为Access数据表。

工资表							
编号	姓名	所属部门	职务	基本工资	提成工资	奖励补助	应发工资
SMQB0001	邹陆云	总务部	经理	￥9,000.00	￥2,530.00	￥500.00	￥12,030.00
SMQB0002	林江希	总务部	职员	￥8,500.00	￥2,500.00	￥200.00	￥11,200.00
SMQB0003	胡莎	总务部	职员	￥8,500.00	￥3,510.00	￥200.00	￥12,210.00
SMQB0004	程李根	总务部	职员	￥8,500.00	￥3,650.00	￥200.00	￥12,350.00
SMQB0005	刘涛	总务部	职员	￥8,500.00	￥3,580.00	￥200.00	￥12,280.00
SMQB0006	朱建博	总务部	助理	￥7,500.00	￥3,000.00	￥300.00	￥10,800.00
SMQB0007	赵斌	销售部	经理	￥8,200.00	￥4,219.00	￥487.00	￥12,906.00
SMQB0008	陈登勇	销售部	经理	￥8,000.00	￥2,491.00	￥200.00	￥10,691.00
SMQB0009	庞洋	销售部	职员	￥7,000.00	￥2,900.00	￥200.00	￥10,100.00
SMQB0010	刘旸	销售部	职员	￥7,000.00	￥3,000.00	￥200.00	￥10,200.00
SMQB0011	刘兴伟	销售部	职员	￥7,000.00	￥3,438.00	￥200.00	￥10,638.00
SMQB0012	杨大强	销售部	职员	￥7,000.00	￥1,711.00	￥200.00	￥8,911.00

图2-4

◆ 记录和字段

使用过Excel的用户可能会发现Access数据库的表很像Excel中的工作表，Access数据库的表与Excel工作表的相同点是：都是按照行和列组织的，用网格线隔开各单元格，单元格中可添加数据；不同点是：Access数据库表中，表中的每一列代表一个字段（即一个信息的类别），表中的每一行是一个记录，它存放表中一个项目的所有信息。在Access表中的每个字段只能存放一种类型的数据（文本型、数字型、货币型或日期型等）。

数据工作表被分为行和列，行称为记录（Record），列称为字段（Field）。每条记录都被看作一个单独的实体，可以根据需要进行存取或者排列。如图2-5所示。

编号	姓名	所属部门	职务	基本工资	提成工资	字段
SMQB0001	邹陆云	总务部	经理	￥9,000.00	￥2,530.00	
SMQB0002	林江希	总务部	职员	￥8,500.00	￥2,500.00	
SMQB0003	胡莎	总务部	职员	￥8,500.00	￥3,510.00	
SMQB0004	程李根	总务部	职员	￥8,500.00	￥3,650.00	
SMQB0005	刘涛	总务部	职员	￥8,500.00	￥3,580.00	
SMQB0006	朱建博	总务部	助理	￥7,500.00	￥3,000.00	
SMQB0007	赵斌	销售部	经理	￥8,200.00	￥4,219.00	
SMQB0008	陈登勇	销售部	经理	￥8,000.00	￥2,491.00	
SMQB0009	庞洋	销售部	职员	￥7,000.00	￥2,900.00	
SMQB0010	刘旸	销售部	职员	￥7,000.00	￥3,000.00	
SMQB0011	刘兴伟	销售部	职员	￥7,000.00	￥3,438.00	记录
SMQB0012	杨大强	销售部	职员	￥7,000.00	￥1,711.00	

图2-5

◆ 值

值是指表中实际的数据元素，放置在记录和字段交叉位置的所有数据，与Excel工作表中的单元格效果相似。

◆ 索引

索引是包含表中一个字段或者一组字段中的某个关键词按一定的顺序排列的数据列表。数据库利用索引能迅速定位所要查询的记录，从而缩短了查找记录的时间。

索引实际上就相当于标记，帮助用户快速查找和排序。需要注意的是，不能对备注、超链接和OLE对象创建索引；通常情况是保存时创建索引；主键是自动索引。

◆ 主键和自动编号

主键是唯一的不重复，用于标识某行数据的线索。也就是说，很多数据有可能重复，但主键不可能重复，所以要对数据库进行删除、修改、查询时就有法可依了，找主键是最精确的，假如找其他的字段则有可能重复列出多个数据。如图2-6所示为在设计视图下查看的主键。

当用户在制作数据表时，如果未指定主键，系统会生成自动编号的主键，如图2-7所示。

图2-6

图2-7

◆ 运算符

在Access中，数据库运算符主要包含4类，用于数据的运算、复杂关系表达式的建立以及对特殊对象的识别等，主要分为算术运算符、关系运算符、逻辑运算符和字符串运算符，具体介绍如表2-2所示。

表 2-1

类型	运算符介绍
算术运算符	包括加（＋）、减（－）、乘（＊）、除（／）、整除（\）、乘幂（＾）、求模运算（Mod），求模实际上就是求余数
关系运算符	大于（＞）、小于（＜）、等于（＝）、不等于（＜＞）、大于等于（＞＝）、小于等于（＜＝）
逻辑运算符	包括逻辑与（AND）、逻辑或（OR）、逻辑非（NOT）以及逻辑异或（XOR）等
字符串运算符	连接（＋）、连接（＆）、类似（like）、不类似（not like）

◆ 函数

Access函数是指应用在Access数据库模块中的函数，主要的功能有确定表格中的默认值、显示当前系统时间、设置字段格式、转换数据类型以及查找和返回数据等。

下面介绍几种Access常用的函数类型。

转换函数。将数据从一种类型转换为另一种类型，常用函数包括Str()和Val()。

SQL聚合函数。将一系列数据进行指定运算后返回一个值，一般在SQL语句中使用，常用函数包括Avg()和SUM()。

算术函数。对数据进行特定数学计算，常用函数包括Fix()、Int()和Sqr()。

文本函数。对文本型数据进行处理，常用函数包括Right()、Left()和Len()。

域聚合函数。指能在VBA代码、计算控件、宏的条件表达式中对某一数据集按照约定的条件对某特定字段进行统计，常用函数包括DAvg()和DCount()。

2.1.3 五步完成数据库的设计

用户需要遵循一定的制作流程，才能更加高效地制作出符合要求的数据库。下面具体介绍如何通过5个步骤完成数据库的设计。

【第一步，确定实体及关系】

首先需要进行整体考虑，确定实体与对应的关系。

明确宏观行为。数据库是用来做什么的？比如，管理雇员的信息。

确定主题。确定所管理信息所涉及的主题范围，这些范围将成为数据表字段的依据。如雇用员工、指定具体部门、确定技能等级。

确定关系。分析行为，确定表之间有何种关系。如部门与雇员之间存在一种关系。

细化行为。从宏观行为开始，现在仔细检查这些行为，看有哪些行为能转为微观行为。

确定业务规则。分析业务规则，确定表之间一对一、一对多和多对多的关系。比如，可能有这样一种规则，一个部门有且只能有一个部门领导。这些规则将被设计到数据库的结构中。

【第二步，确定所需数据】

列出所要跟踪的所有数据，确定一些字段，可以从回答这些问题入手：谁、什么、哪里、何时以及为什么。

为每个表建立可用的字段，为每个关系设置数据。

【第三步，标准化数据】

标准化是指消除数据冗余及确保数据表的完整，对数据格式进行标准化，为每张表确定一个唯一的主键，除去重复的组，除去那些不依赖于整个键的数据。

【第四步，考量关系】

考量关系是在标准化进程完成后进行的，主要需要考量的是带有数据的关系和不带数据的关系。

【第五步，检验设计】

检验设计是否能满足自激活用户的需要，是否所有的数据都是可用的。对数据库代码进行测试和运行，保证其能够正常运行，同时达到运行要求。

2.2 认识Access 2016软件界面

本书主要以Access 2016作为操作软件对Access数据库进行介绍，因此，首先需要对其软件界面有一定了解。

因为Access也属于Microsoft Office办公软件的组件，因此，其界面风格与Excel比较相似，主要由7个部分构成，如图2-8所示。下面具体介绍各组成部分的名称及作用。

图2-8

◆ 快速访问工具栏

快速访问工具栏位于工作界面的左上方，在默认情况下，快速访问工具栏只包含3个按钮，分别是"保存"按钮、"撤销"按钮和"恢复"按钮，用户可以将常用的工具添加到快速访问工具栏，如图2-9所示为添加常用命令按钮后的快速访问工具栏样式。

图2-9

◆ 标题栏

Access 2016的标题栏位于工作界面的顶端，主要用来显示当前数据库的信息以及对窗口的控制。主要包括数据库名称、保存路径、程序版本以及控制按钮，如图2-10所示。

图2-10

◆ "文件"选项卡

"文件"选项卡是一个特殊的选项卡，是Backstage界面的入口，在Backstage界面中包含一些常用的功能，如图2-11所示。

图2-11

◆ 功能区

Access 2016的功能区与Excel 2016的功能区结构相似，也是由选项卡、工作组和按钮3部分组成，具体结构如图2-12所示。

图2-12

选项卡分为两类，即常规选项卡和上下文选项卡，下面进行具体介绍。

常规选项卡。不选择任何对象或表而默认存在的一些选项卡，如图2-13所示。

图2-13

上下文选项卡（选项卡组）。选择相应的对象或表后出现的选项卡，如"表格工具"选项卡组、"关系工具"选项卡组等，如图2-14所示。

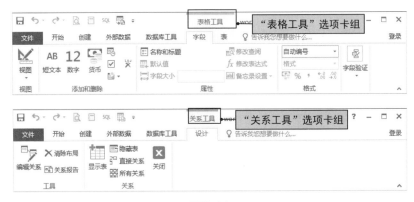

图2-14

◆ **导航窗格**

在导航窗格中能将数据库中所有的数据对象显示出来，下面对其中的按钮进行介绍。

"百叶窗开/关"按钮。用于控制导航窗格的显示和隐藏，直接单击该按钮即可，如图2-15所示。

图2-15

"所有Access对象"下拉按钮。该下拉按钮主要用于控制窗格中的显示对象，用户只需单击该下拉按钮，选择相应选项即可，如图2-16所示。

图2-16

◆ 工作区

工作区也被称作工作表编辑区，专门用来存放当前打开或正在编辑的各种对象，如数据表、窗体、报表等。如图2-17所示为在工作区中显示数据表的具体内容。

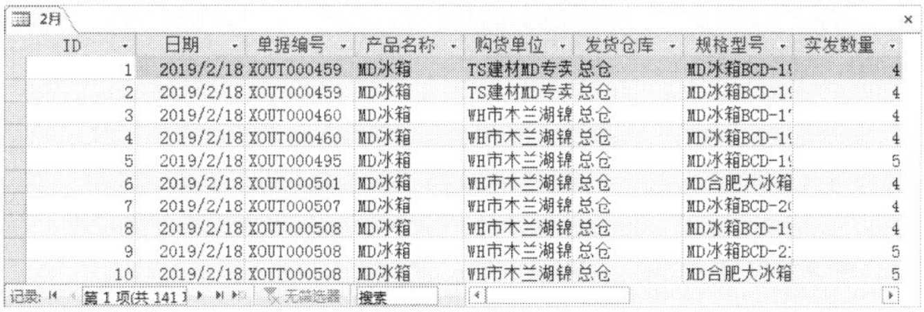

图2-17

◆ 视图栏

视图栏主要用来显示当前对象的工作状态，位于工作界面的底部。在视图栏的左侧显示的是当前对象的视图模式，视图栏的右侧是视图切换按钮，单击视图切换按钮即可快速进行视图模式的切换，如图2-18所示。

数据表视图　　　　　　　　　　　　　　　　　数字

当前对象的视图模式　　　　　　　　　　　　　视图切换按钮

图2-18

2.3 数据库的基本操作

Access数据库的基本操作主要包括数据库的新建、数据库的保存、打开和关闭数据库以及数据库的安全管理。这些都是数据库的入门操作知识，用户要熟练掌握。

2.3.1 创建数据库

在Access中，创建数据库主要可以分为两种方式，分别是创建空白数据库和根据联机模板创建。这两种方式的操作都比较简单，下面分别进行介绍。

◆ 创建空白数据库

创建空白数据库是比较常用和基础的操作，下面以创建空白的"公司绩效管理"数据库为例，介绍空白数据库创建方法。

实例演示 创建空白的"公司绩效管理"数据库

素材文件	◎素材\Chapter 2\无
效果文件	◎效果\Chapter 2\公司绩效管理.accdb

Step 01 单击"开始"按钮，在"所有程序"列表中选择"Access 2016"启动应用程序，如图2-19所示。

Step 02 在打开的欢迎界面中单击"空白桌面数据库"按钮，准备创建数据库，如图2-20所示。

图2-19

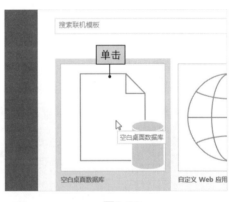

图2-20

Step 03 在打开的"空白桌面数据库"对话框中单击"文件名"文本框右侧的 📁 按钮，如图2-21所示。

Step 04 ❶在打开的"文件新建数据库"对话框中设置文件的保存路径，❷在"文件名"文本框中输入"公司绩效管理"，❸在"保存类型"下拉列表框中选择"Microsoft Access 2007-2016数据库"选项，单击"确定"按钮，如图2-22所示。

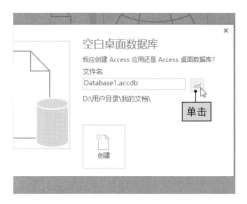

图2-21　　　　　　　　　　　　　　　　图2-22

Step 05 ❶返回到"空白桌面数据库"对话框，单击"创建"按钮新建空白数据库，❷完成创建操作即可查看到最终效果，如图2-23所示。

图2-23

TIPS *更改新建数据库默认版本和存储路径*

　　如图2-21所示，新建数据库时，系统默认的保存路径为"D:\用户目录\我的文档\"，可能这并不符合用户的使用习惯，就需要对其进行更改。

　　如图2-22所示，在选择文件保存类型时，系统默认的保存类型为"Microsoft Access 2007-2016数据库"，如果用户想要默认创建之前版本的数据库，则每次都要进行设置，十分麻烦。

　　要解决以上两个问题，需要借助"Access选项"对话框。❶在打开的数据库中单击"文件"选项卡，❷在打开的界面中单击"选项"按钮，❸在打开的"Access选项"对话框中的"常规"选项卡中的"创建数据库"栏中即可设置默认创建路径和文件格式，如图2-24所示。

图2-24

TIPS 快速在默认位置创建空白数据库

　　在任意文件夹中的空白区域右击，❶在弹出的快捷菜单中选择"新建/Microsoft Access Database"命令，❷在打开的对话框中程序自动跳转到默认设置的保存路径，在"文件名"文本框中输入名称，❸单击"创建"按钮即可，如图2-25所示。

图2-25

◆ 根据联机模板创建数据库

　　除了可以创建空白的数据库，在Access中还可以根据在线模板创建数据库。下面具体介绍搜索需要的数据库模板创建数据库的方法。

实例演示 搜索在线模板创建资产跟踪管理数据库

素材文件	◎素材\Chapter 2\无
效果文件	◎效果\Chapter 2\公司资产跟踪管理.accdb

Step 01 启动Access 2016应用程序，❶在界面顶部的"搜索联机模板"搜索框中输入"资产跟踪"文本，❷单击后方的"开始搜索"按钮搜索在线模板，如图2-26所示。

Step 02 在打开界面的"新建"选项卡中单击需要的模板按钮即可开始创建，如图2-27所示。

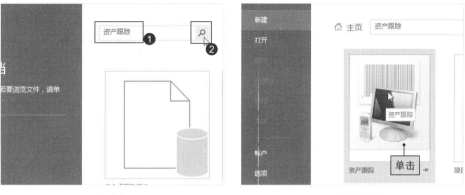

图2-26　　　　　　　　　　图2-27

Step 03 ❶在打开的对话框中根据新建空白数据库的方法设置其数据库名称、保存路径，❷单击"创建"按钮即可创建，❸完成后即可查看到新创建的数据库，如图2-28所示。

图2-28

2.3.2　保存数据库

在Excel中新建工作簿时不会提示保存，但是第一次保存时会打开"另存为"对话框，而在Access中新建数据库时会强制用户必须要设置保存路径。但是在Access中完成数据库的制作后，无论是第一次保存还是以后保存，直接单击快速访问工具栏中的"保存"按钮即可，如2-29左图所示；或是单击"文件"选项卡，在打开的界面中单击"保存"按钮即可，如2-29右图所示。除此之外，还可以按【Ctrl+S】组合键。

图2-29

但是如果需要将当前数据库保存到其他位置、更改用户名或保存为其他名称，则需进行另存操作。其具体方法是：单击"文件"选项卡，❶单击"另存为"选项卡，❷双击"数据库另存为"按钮，❸在打开的对话框中单击"是"按钮，❹在打开的"另存为"对话框中即可设置文件保存路径、名称和保存类型等，❺单击"保存"按钮即可，如图2-30所示。

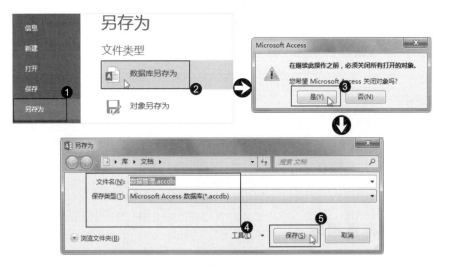

图2-30

2.3.3　打开和关闭数据库

和其他文件的打开方式相似，用户可以通过在目标位置双击指定的数据库文件将其打开。除此之外，还可以通过"打开"对话框和最近使用项目打开数据库文件。

◆ 通过"打开"对话框打开数据库：单击"文件"选项卡，❶单击"打开"选项卡，❷双击"这台电脑"按钮，❸在打开的"打开"对话框中选择要打开的文件，单击"打开"按钮即可，如图2-31所示。

图2-31

◆ 通过最近使用项目打开数据库：单击"文件"选项卡，❶单击"打开"选项卡，❷单击"最近使用的文件"按钮，❸在右侧即可选择最近使用的数据库将其打开，如图2-32所示。

图2-32

完成数据库的使用后，就需要将其关闭，在Access中每个数据库都会有一个独立的窗口，退出程序的方法也是关闭数据库的方法，其具体操作是：单击窗口右上角的"关闭"按钮即可，如2-33左图所示；另外，也可以单击"文件"选项卡，单击"关闭"按钮来关闭数据库，如2-33右图所示。

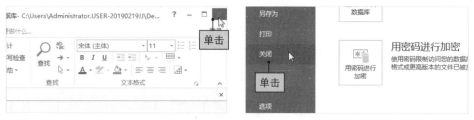

图2-33

2.3.4　数据库的安全管理

与Excel为工作簿加密不同，如果要为数据库加密，进行安全管理，则需要通过"打开"对话框以独占方式打开数据库，之后才能为数据库设置密码。

实例演示 为"×企业员工工资"数据库文件设置密码保护

素材文件	◎素材\Chapter 2\×企业员工工资.accdb
效果文件	◎效果\Chapter 2\×企业员工工资.accdb

Step 01 在打开的Access中单击"文件"选项卡，❶在打开的界面中单击"打开"选项卡，❷双击"这台电脑"按钮，如图2-34所示。

Step 02 ❶在打开的"打开"对话框选择素材文件夹中要打开的文件，❷单击"打开"按钮右侧的下拉按钮，❸选择"以独占方式打开"命令，如图2-35所示。

图2-34

图2-35

Step 03 在打开的数据库中单击"文件"选项卡，❶在打开的界面中单击"信息"选项卡，❷单击"用密码进行加密"按钮，如图2-36所示。

Step 04 ❶在打开的"设置数据库密码"对话框中的"密码"和"验证"文本框中分别输入密码（这里输入密码的是"YGGZ123"），❷单击"确定"按钮，在打开的对话框框中继续单击"确定"按钮，如图2-37所示。

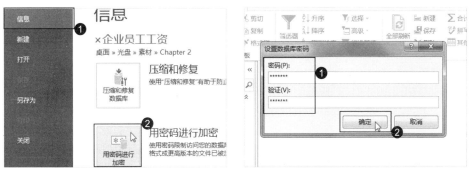

图2-36　　　　　　　　　　　　　　　图2-37

完成操作后，关闭Access应用程序，再次打开该数据库，则要求输入密码，输入正确的密码，单击"确定"按钮才能查看数据库的内容，如图2-38所示。

图2-38

TIPS 取消数据库密码保护

取消密码保护的操作与设置密码保护的操作基本相同，只是其操作方向相反。首先还是需要以独占方式打开数据库，单击"文件"选项卡，在"信息"选项卡中单击"解密数据库"按钮，在打开的对话框中输入设置的密码，单击"确定"按钮即可。

管理数据库的安全，除了可以为数据库添加密码保护外，还应对数据进行备份，这样即使当前数据库文件丢失，仍有备份文件可以使用。

　　首先打开要备份的数据库，单击"文件"选项卡，❶单击"另存为"选项卡，❷单击"数据库另存为"按钮，❸在右侧列表框的"高级"栏中选择"备份数据库"选项，❹单击"另存为"按钮，在打开的对话框中选择保存路径进行存储即可，如图2-39所示。

图2-39

2.4 在导航窗格中操作对象

　　了解了数据库的创建、保存和安全保护等操作后，就可以在数据库中对各种对象进行操作了。本节主要介绍数据库导航窗格中对象的基本操作，包括对象的打开、复制、重命名以及删除，在本节中以数据表为操作对象，讲解这些基本操作。

2.4.1 打开指定对象

　　打开对象是数据库操作中最为基本的操作之一，主要有两种方法打开指定对象，分别是通过双击对象打开和通过快捷菜单打开。

◆ **双击打开对象**：在导航窗格中双击对象即可将其打开，如图2-40所示。

◆ **通过快捷菜单打开对象**：在对象上右击，在弹出的快捷菜单中选择"打开"命令即可打开对象，如图2-41所示。

图2-40

图2-41

2.4.2　复制对象副本

如果需要新建的数据表与当前已有的数据表基本相似，可以复制当前已有的数据表，进行修改即可。可以通过选项卡命令和快捷菜单完成复制操作。

◆ **通过选项卡命令复制**：❶选择目标数据表对象，❷单击"开始"选项卡下"剪贴板"组中的"复制"按钮，❸再单击"粘贴"按钮，即可打开"粘贴表方式"对话框，❹设置表名称和粘贴选项，❺单击"确定"按钮即可，如图2-42所示。

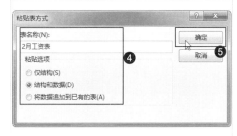

图2-42

◆ **通过快捷菜单复制**：在对象上右击，❶在弹出的快捷菜单中选择"复制"命令复制，❷再次弹出快捷菜单，选择"粘贴"命令进行粘贴即可，如图2-43所示。

图2-43

2.4.3　重命名不适合的对象名称

如果当前导航窗格中的对象名称与内容不相符，则需要对对象进行重命名，下面进行具体介绍。

❶选择要重命名的对象，右击，❷在弹出的快捷菜单中选择"重命名"命令，❸此时对象名称变为可编辑状态，重新输入名称即可，如图2-44所示。

图2-44

2.4.4 删除不需要的对象

如果当前创建的对象不再需要，用户还需要了解删除对象的操作，除了常规的按【Delete】键进行删除，还可以通过选项卡命令和快捷菜单命令进行删除。

◆ **通过选项卡命令删除：**❶选择目标对象，❷单击"开始"选项卡"记录"组中的"删除"按钮，并确认删除即可，如图2-45所示。

◆ **通过快捷菜单命令删除：**❶选择目标对象，❷右击，选择"删除"命令，并确认删除即可，如图2-46所示。

图2-45

图2-46

第3章
Access中
数据的存储怎么做

Access作为一款专业的数据库管理软件，拥有强大的数据存储功能。用户需要了解在Access中如何创建数据表进行数据存储、导入外部数据以及在数据表之间建立关系的相关操作。

创建数据表必备的基础知识

字段数据类型
字段属性
什么样的表才规范
创建表的4种方法

数据表的数据来源

直接在表中输入数据
通过导入方式获得数据
通过链接方式获得数据

在数据表中应用主键

主键的作用与遵循的原则
更改主键
了解复合主键
……

▼ **Excel和Access对比学：数据存储问题**

1. Excel数据存储位置的格式可以更改

在Excel工作表中的单元格内存储数据时，需要注意数据存储格式的设置。用户可以在录入数据之前设置单元格格式，或者在数据录入后设置数据格式，其具体操作如下。

按【Ctrl+1】组合键，在打开的"设置单元格格式"对话框中即可设置数据的存储格式，如图3-1所示。即使设置了数据格式，用户在输入数据时也可以输入其他类型的数据，Excel不会提示错误。

图3-1

2. Excel表之间如何产生关联

由于Excel处理的是平面数据结构，因此Excel中即使能够同时存在255张表格，但是表与表之间都是独立存在的，要想让表之间产生关系，从而方便引用其中的数据，只能通过编写公式实现，下面举例进行介绍。

❶在存放数据的E8单元格中输入"="，❷切换到"会计分录"工作表中，❸选择要引用的F8单元格，按【Ctrl+Enter】组合键即可引用，在编辑栏中可查看到引用公式，如图3-2所示。

图3-2

3. Excel表中相关数据的查看问题

由于Excel工作簿的各表是独立的个体，如果需要查看不同工作表中的数据，只有通过单击工作表标签切换到对应的表进行查看，如图3-3所示。

图3-3

除此之外，还可以通过按【Ctrl+PageUp】组合键查看当前工作表左侧的一张工作表，按【Ctrl+PageDown】组合键查看当前工作表右侧的一张工作表。

4. Access数据表的存储特点

Access与Excel最大的不同点在于，Access本身就是处理关系型的数据，因此Access也被称为关系型数据库。简单理解就是，Access作为一个专业的数据库，支持在各表之间通过主键让表与表之间产生关系，从而体现数据表之间的关联性，让多个数据表产生联系，重在对数据进行关系管理，如图3-4所示。

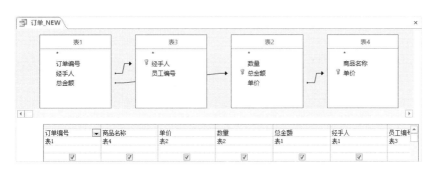

图3-4

其次，Access里存放了几百万的数据，并且通过索引在关系数据库中查询这些内容速度会非常快。

另外，虽然Access表格结构在设计时也要求设置数据的类型，但是这个类型一旦设置后，程序就强制性只能接受该类型的数据，如果在单元格中输入了与单元格本身设置的类型不一样的数据，则Access程序将提示错误。

3.1 创建数据表必备的基础知识

数据表是数据库的基础，要想创建一个规范的数据表，首先需要对数据表的相关知识有所了解。例如，数据类型、字段属性等，这样才能创建更加规范的数据表。

3.1.1 字段数据类型

在Excel 2016的"设置单元格格式"对话框中"数字"选项卡"分类"列表框中可以查看到其内置的数据类型基本上都是针对数字、时间和文本。而在Access 2016中，字段的数据类型更加丰富，具体有文本、备注、数字、日期/时间、货币、自动编号、是/否、OLE对象、超级链接和查询向导。各数据类型的具体介绍如表3-1所示。

表 3-1

数据类型	具体介绍
文本	这种类型允许最大 255 个字符或数字，Access 默认的大小是 50 个字符，而且系统只保存输入到字段中的字符，不保存文本字段中未用位置上的空字符。可以通过"字段大小"属性控制可输入的最大字符长度
备注	这种类型用来保存长度较长的文本及数字，允许字段能够存储长达 64 000 个字符的内容。但 Access 不能对备注字段进行排序或索引，却可以对文本字段进行排序和索引。在备注字段中虽然可以搜索文本，但却不如在有索引的文本字段中搜索得快
数字	这种字段类型可以用来存储进行算术计算的数字数据，用户还可以设置"字段大小"属性定义一个特定的数字类型，任何指定为数字数据类型的字形可以设置成"字节""整型""长整型""单精度型""双精度型""同步复制 ID""小数"7 种类型。在 Access 中通常默认为"长整型"
日期 / 时间	这种类型是用来存储日期、时间或日期时间一起的，每个日期 / 时间字段需要 8 个字节的存储空间
货币	这种类型是数字数据类型的特殊类型，等价于具有双精度属性的数字字段类型。向货币字段输入数据时，不必键入人民币符号和表示千位分隔符的逗号，Access 会自动显示人民币符号和逗号，并添加两位小数到货币字段。当小数部分多于两位时，Access 会对数据进行四舍五入。精确度为小数点左方 15 位数及右方 4 位数

续表

数据类型	具体介绍
自动编号	这种类型较为特殊，每次向表格添加新记录时，Access 会自动插入唯一顺序或者随机编号，即在自动编号字段中指定某一数值。自动编号一旦被指定，就会永久地与记录连接。如果删除了表格中含有自动编号字段的一个记录后，Access 并不会为表格自动编号字段重新编号。当添加某一记录时，Access 不再使用已被删除的自动编号字段的数值，而是重新按递增的规律重新赋值
是 / 否	这种类型是针对某一字段中只包含两个不同的可选值而设立的，通过是 / 否数据类型的格式特性，用户可以对是 / 否字段进行选择。添加 True/False 或者 0/1 都可以
OLE 对象	这种类型是指字段允许单独地"链接"或"嵌入"OLE 对象。添加数据到 OLE 对象字段时，可以链接或嵌入 Access 表中的 OLE 对象是指在其他使用 OLE 协议程序创建的对象，例如 Word 文档、Excel 电子表格、图像、声音或其他二进制数据。OLE 对象字段最大可为 1GB，它主要受磁盘空间限制
超级链接	这种类型主要是用来保存超级链接的，包含作为超级链接地址的文本或以文本形式存储的字符与数字的组合。当单击一个超级链接时，Web 浏览器或 Access 将根据超级链接地址到达指定的目标。超级链接最多可包含 3 部分：一是在字段或控件中显示的文本；二是到文件或页面的路径；三是在文件或页面中的地址
查阅向导	这种类型为用户提供了一个建立字段内容的列表，可以在列表中选择所列内容作为添入字段的内容

3.1.2 字段属性

字段属性是用来对字段的各种属性进行限制，给数据添加有效性规则，其目的是让数据符合一定的规则，如果不符合规则，数据就无法正常录入。

如果用户想要查看或设置已经创建好的数据字段的属性，❶可以单击"开始"选项卡"视图"组中的"视图"下拉按钮，❷选择"设计视图"选项，❸在切换的工作表的设计视图模式中选择对应的字段名称，❹在下方即可查看到字段属性，如图3-5所示。

图3-5

字段属性通常较多，这里对其中的部分可能会使用到的字段属性进行介绍，如表3-2所示。

表 3-2

字段属性	具体介绍
字段大小	设置文本、数据和自动编号类型的字段中数据的范围
格式	控制显示和打印数据格式，可选择预定义格式或输入自定义格式
输入掩码	用于指导和规范用户输入数据的格式
输入法模式	用于确定当焦点移至该字段时的输入法模式
文本对齐	设置控件内文本的对齐方式
标题	用于设置数据表视图模式下字段的显示标签，如果未输入标题，则将字段名用作标签
默认值	指定数据的默认值，自动编号和 OLE 数据类型无此项属性
验证规则	一个表达式，用户输入的数据必须满足该表达式
验证文本	当输入的数据不符合验证规则时，要显示的提示性信息
必需	用于指定字段中是否必须输入数据，属性值为"是"表示字段必须输入值，属性值为"否"表字段可以不输入值，此时字段值为默认值

3.1.3　什么样的表才规范

在制作数据表之前，还需要了解数据表的规范要求，如何才能设计出规范的数据表。这里介绍几点用户应当注意的规范性问题，帮助用户快速入门。

◆ 数据规范化

关系数据库的构建要遵循一定的规范，目前有迹可循的共有8种范式，通常所用到的只是前3种范式，即：第一范式（1NF），第二范式（2NF），第三范式（3NF）。

第一范式。第一范式也被称作最低要求范式，其要求是每个字段只能包含一个属性，强调的是列的原子性，即列不能够再分成其他几列，如3-6左图所示为错误1NF表的结构，因为"姓名"字段还可以继续拆分为"姓名"和"部门"字段，正确1NF表的结构如3-6右图所示。

图3-6

第二范式。第二范式表结构是在符合1NF的情况下，另外满足两个条件，一是表必须有一个主键；二是没有包含在主键中的列必须完全依赖于主键，而不能只依赖于主键的一部分，如图3-7所示。

图3-7

第三范式。在满足第二范式的基础上，另外非主键列必须直接依赖于主键，不能存在传递依赖。即不能存在：非主键列A依赖于非主键列 B，非主键列B依赖于主键的情况，如图3-8所示。

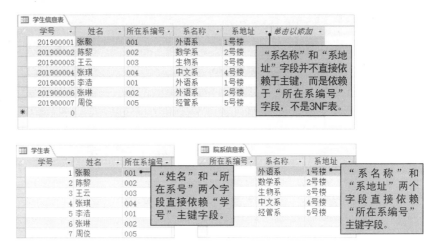

图3-8

要让数据库规范化，最基本的要求是不要生成问题。所以，对于庞大的数据，最好将其以合理的方式分类到不同的表中，不鼓励将所有数据放置在同一张表中。这样能够有效避免如表3-3所示的问题。

表 3-3

问题	具体介绍
极大地浪费资源	如果在一个表中保存所有的数据，其中必然存在大量的冗余数据，这样极大地浪费了磁盘的存储空间；在使用时，需要进行的操作也会大量浪费内存、网络等资源
表不可控制地增长	由于将所有的数据都存储在同一张表中，如果表中某一个字段又包含若干个属性，就会使得表中字段不可控制地增长
数据维护和更新困难	将所有数据存储在同一张表中，一旦需要对某个字段或数据进行维护或更新，则会涉及大量的相关数据需要同时进行维护，可能会耗费大量时间

◆ 表关系

表关系就是表与表之间的关联性，用主键和外键实现。如图3-9所示为一对一关系类型。

图3-9

如图3-10所示为一对多关系类型。

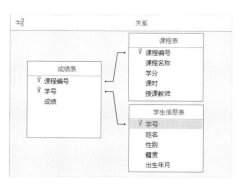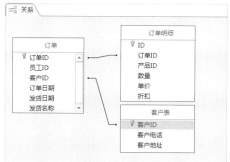

图3-10

如图3-11所示为多对多关系类型。

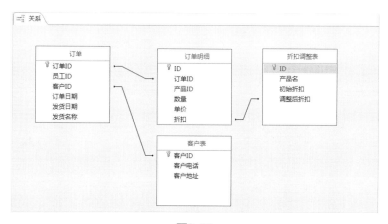

图3-11

◆样式的规范

专业和出色的数据库不仅对于表数据和结构都要求严格，而且对外观样式也有相应的要求，包括数据显示完整、字段数据类型合适、字段数据顺序合适、外观样式专业规范以及数据库集成等。

数据显示完整。 数据完全展示也就是指存储在数据表中的数据要完全显示出来，不能影响到阅读，这是最低要求，如图3-12所示就是因为列宽不够导致"身份证号码"字段和"时间"字段的数据没有完全展示。

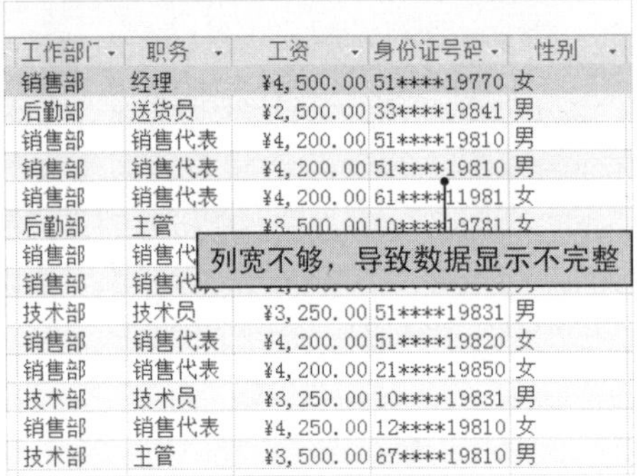

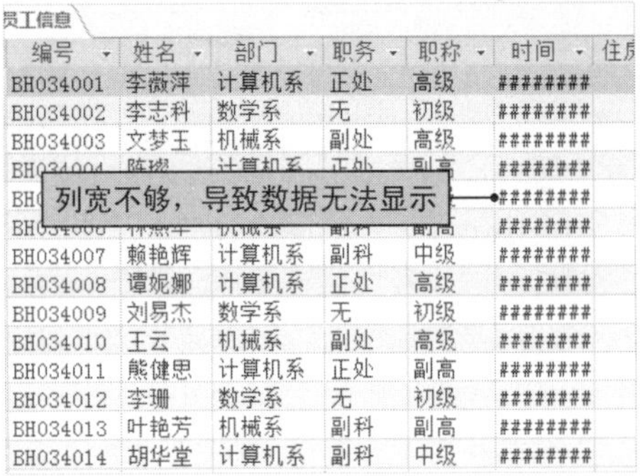

图3-12

字段数据类型合适。 我们在创建和设置数据表时，数据类型一定要设置合适、准确，能最直接和形象地展示数据，如表示金额数据，可将其类型设置为货币类型。如图3-13所示是数据表数据直观展示数据的前后对比效果。

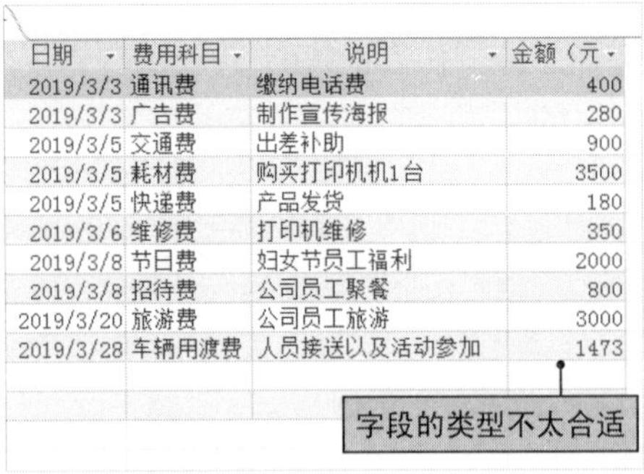

图3-13

字段数据顺序合适。 我们在设计数据表时，一定要考虑到数据表字段放置的先后顺序，让整个字段顺序顺畅合理。如图3-14所示是数据表字段顺序放置不同的对比效果。

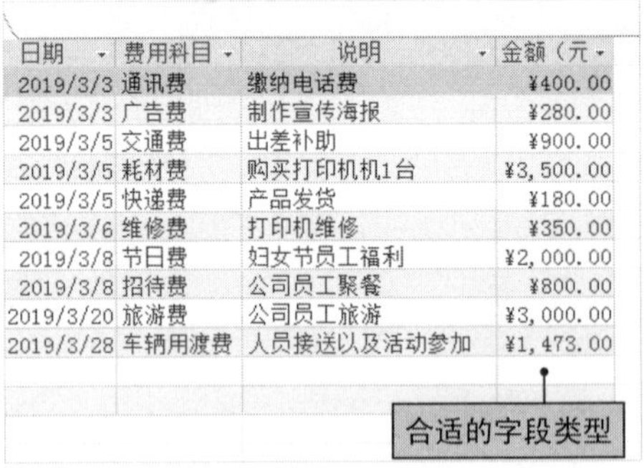

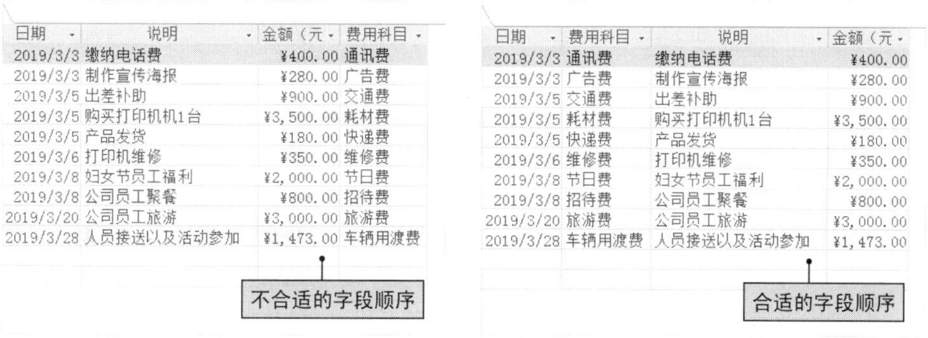

图3-14

外观样式专业规范。表格的外观样式包括多个方面，例如数据字体字号、表格边框、表格底纹以及对齐方式等。如图3-15所示为数据表外观样式设置前后的对比效果。

图3-15

数据库集成。数据库中若有多个对象存在，我们需要将其以某种方式串联起来，使其成为一个有机的整体，便于各个对象的切换和管理。如图3-16所示为集成后的数据库效果。

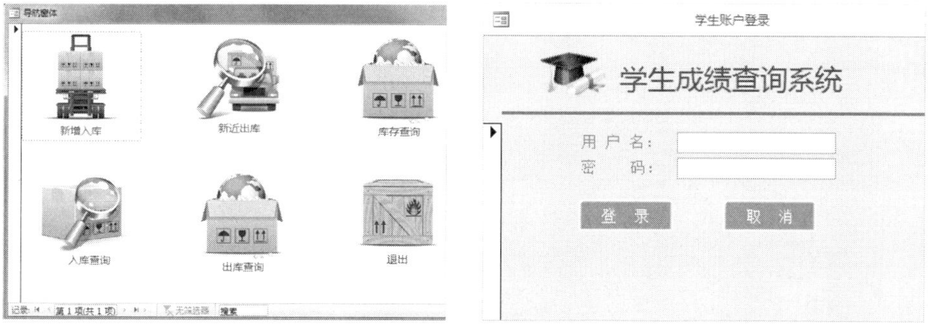

图3-16

3.1.4　创建表的4种方法

了解了如何创建规范的数据表的方法后，下面就要开始正式创建数据表了。创建数据表的方法有直接创建数据表和通过表设计创建数据表两种方法，除此之外，还可以通过导入或引用数据的方式创建表，将在3.2节中进行具体介绍。

◆ 直接创建数据表

直接创建数据表是最为基础的数据表创建方式，只需要直接创建并保存即可。下面以在"订单管理"数据库中创建"8月订单"数据表为例进行介绍。

实例演示 创建"8月订单"数据表

素材文件	◎素材\Chapter 3\订单管理.accdb
效果文件	◎效果\Chapter 3\订单管理.accdb

Step 01 ❶打开"订单管理"素材，❷单击"创建"选项卡，❸在"表格"组中单击"表"按钮创建表，如图3-17所示。

Step 02 ❶在新建的"表1"数据表标签上单击鼠标右键，❷在弹出的快捷菜单中选择"保存"命令，如图3-18所示。

图3-17

图3-18

Step 03 ❶在打开的"另存为"对话框中的"表名称"文本框中输入"8月订单"文本，❷单击"确定"按钮，如图3-19所示。

Step 04 完成数据表的创建后，即可在导航窗格中查看到新创建的"8月订单"数据表，如图3-20所示。

图3-19　　　　　　　　　　　　　　　图3-20

◆ 通过表设计创建数据表

　　通过表设计创建数据表与直接创建数据表有所差别，需要在设计视图中至少定义一个字段。下面以在"订单管理1"数据库中创建"9月订单"数据表为例进行介绍。

实例演示　创建"9月订单"数据表

素材文件	◎素材\Chapter 3\订单管理1.accdb
效果文件	◎效果\Chapter 3\订单管理1.accdb

Step 01　❶打开"订单管理1"素材，❷单击"创建"选项卡，❸在"表格"组中单击"表设计"按钮，如图3-21所示。

Step 02　程序自动创建"表1"数据表并切换到设计视图，❶在"字段名称"字段下方的单元格中输入"编号"文本，❷在"数据类型"字段下方的下拉列表框中单击下拉按钮，❸选择"长文本"选项，如图3-22所示。

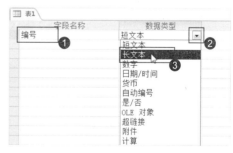

图3-21　　　　　　　　　　　　　　　图3-22

Step 03　❶选择创建的字段，❷单击"表格工具 设计"选项卡"工具"组中的"主键"按钮，如图3-23所示。（通过表设计创建数据表必须执行设置主键的步骤，否

则系统将自动生成一个ID主键，有关主键的相关知识和其他操作将在本章后面介绍）

Step 04 同样的在数据表标签上右击，选择"保存"命令，❶在打开的"另存为"对话框中的"表名称"文本框中输入"9月订单"文本，❷单击"确定"按钮，如图3-24所示。

图3-23   图3-24

Step 05 ❶单击"表格工具 设计"选项卡"视图"组中的"视图"下拉按钮，❷选择"数据表视图"选项，❸即可查看到新建的数据表，如图3-25所示。

图3-25

3.2 数据表的数据来源

数据表中的数据来源主要有3种，分别是直接在表中输入数据、通过导入方式获得数据以及通过链接方式获得数据，本节将具体介绍数据表数据录入的相关操作。

3.2.1 直接在表中输入数据

创建好数据表后，就可以在其中录入数据了，由于字段数据类型比较多，对于不同的数据类型，其数据的录入方法也不同，如"文本""备注""数字"数据类型的数据可以直接在表中输入，"[日期/时间]"类型的数据既可以直接输入，也可以选择；"自动编号"字段在添加新记录时自动完成，并且不能修改。对于通过直接创建表方式创建的数据表，其表格中是没有字段的，在录入数据之前还需要添加字段。下面具体介绍直接设置字段格式并输入数据的操作。

实例演示　在"8月订单"数据表中直接输入数据

素材文件	◎素材\Chapter 3\订单管理2.accdb
效果文件	◎效果\Chapter 3\订单管理2.accdb

Step 01 ❶打开"订单管理2"素材，在导航栏中双击"8月订单"选项打开数据表，❷单击添加字段右侧的下拉按钮，❸选择"短文本"选项，❹单击"表格工具 字段"选项卡"属性"组中的"名称和标题"按钮，如图3-26所示。

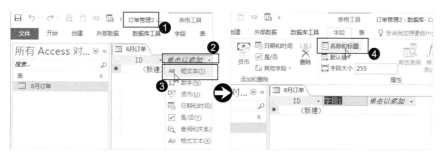

图3-26

Step 02 ❶在打开的"输入字段属性"对话框中的"名称"和"标题"文本框中分别输入"编号"和"订单编号"，❷单击"确定"按钮，如图3-27所示。

Step 03 ❶将文本插入点定位到"订单编号"字段的第一个单元格中，❷在"表格工具 字段"选项卡"属性"组中激活的"字段大小"文本框中输入"12"，如图3-28所示。

图3-27　　　　　　　　　　　　　　　　图3-28

Step 04 以同样的方法，在添加字段下拉列表中选择"日期和时间"选项创建"下单时间"字段；选择"货币"选项创建"订单金额"字段；添加日期和时间类型的"交货时间"字段；创建长文本类型的"订货方"字段，如图3-29所示。

Step 05 将文本插入点定位到"订单编号"字段的第一个单元格中，在其中输入"DRP5001"文本，如图3-30所示。

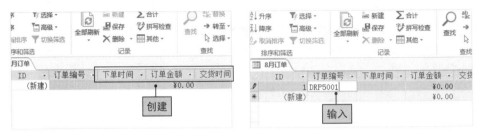

图3-29   图3-30

Step 06 按【Enter】键，系统自动将文本插入点定位到"下单时间"字段的第一个单元格中，❶单击激活的"日期选择器"按钮，❷选择"2019/8/9"选项输入下单时间数据，如图3-31所示。

Step 07 用同样的方法输入8月其他数据，如图3-32所示。

图3-31

图3-32

TIPS *在数据表中插入对象*

在数据单元格中不是所有数据类型都可以直接输入，如图片等对象，就需要通过插入对象的方式来实现。❶选择要插入对象的单元格，❷单击"表格工具 字段"选项卡"格式"组中的"数据类型"下拉按钮，❸选择"OLE对象"选项，❹在单元格上右击，选择"插入对象"命令，❺在打开的对话框中选中"由文件创建"单选按钮，❻单击"浏览"按钮，❼在打开的对话框中选择要插入的对象进行插入即可，如图3-33所示。

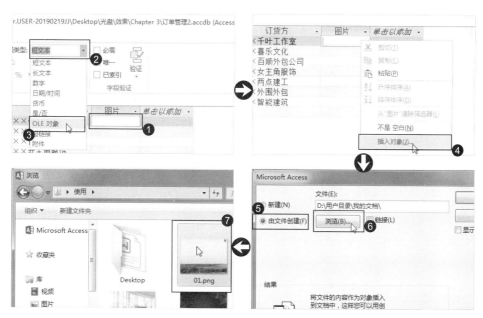

图3-33

3.2.2　通过导入方式获得数据

前面介绍到，在Access中可以通过导入和链接外部数据的方式获取表格数据，这里首先介绍通过导入数据的方式获取数据。

在Access中能够导入的文件包括Excel文件、Access文件、ODBC数据库、XML文件以及文本文件等，其操作都基本相似，这里以在Access数据库中导入Excel文件为例进行介绍。

实例演示 导入Excel数据制作数据表

素材文件	◎素材\Chapter 3\导入外部数据\
效果文件	◎效果\Chapter 3\12月员工工资.accdb

Step 01 ❶打开素材文件夹中的"12月员工工资"素材文档，❷单击"外部数据"选项卡，❸在"导入并链接"组中单击"Excel"按钮，如图3-34所示。

Step 02 在打开的"获取外部数据-Excel电子表格"对话框中保持其他设置不变，单击"浏览"按钮，如图3-35所示。

图3-34 图3-35

Step 03 ❶在打开的"打开"对话框中找到要导入的Excel文件的保存位置，❷选择Excel文件，单击"打开"按钮，如图3-36所示。

Step 04 返回到"获取外部数据-Excel电子表格"对话框中单击"确定"按钮，如图3-37所示。

图3-36 图3-37

Step 05 ❶在打开的"导入数据表向导"对话框中选中"显示工作表"单选按钮，❷在右侧的列表框中选择要导入的工作表，单击"下一步"按钮，如图3-38所示。在打开的提示对话框中单击"确定"按钮。

Step 06 在打开的对话框中选中"第一行包含列标题"复选框，单击"下一步"按钮，如图3-39所示。

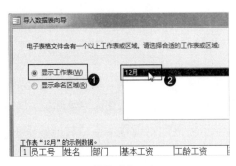

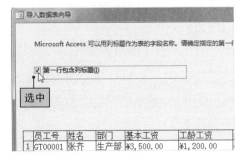

图3-38 图3-39

Step 07 ❶在导入向导的下一步中选择"员工号"字段，❷保持默认的字段名称，设置"索引""有（无重复）"，单击"下一步"按钮，如图3-40所示。

Step 08 ❶在导入向导的下一步中选中"我自己选择主键"单选按钮，❷在右侧的下拉列表框中选择"员工号"选项，单击"下一步"按钮，如图3-41所示。

图3-40

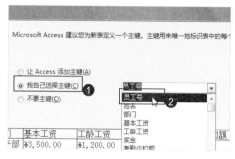

图3-41

Step 09 在导入向导的下一步中的"导入到表"文本框中输入"12月工资"文本，单击"完成"按钮，如图3-42所示。

Step 10 在打开的对话框中单击"关闭"按钮即可完成Excel数据的导入，如图3-43所示。

图3-42

图3-43

TIPS 将数据表导出为Excel文件

要将数据库中的数据以Excel文件方式保存，非常简单，只需将导出文件格式选择为Excel。❶右击要导出的数据表，❷选择"导出/Excel"命令，❸在打开的"导出-Excel电子表格"对话框中设置文件名和文件格式，❹选中"导出数据时包含格式和布局"复选框，单击"确定"按钮，如图3-44所示。

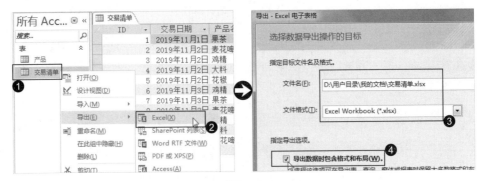

图3-44

3.2.3 通过链接方式获得数据

链接外部数据也可以创建数据表，与导入外部数据不同的是，一旦链接的外部数据的位置发生改变，在数据库中则无法查看到数据，而导入的数据则不受数据源位置改变的影响。下面具体介绍链接外部数据的操作。

实例演示 引用期刊订阅数据

素材文件	◎素材\Chapter 3\引用外部数据\
效果文件	◎效果\Chapter 3\引用外部数据\

Step 01 ❶打开素材文件夹中的"期刊数据"数据库文件，❷单击"外部数据"选项卡"导入并链接"组中的"其他"下拉按钮，❸选择"HTML文档"命令，如图3-45所示。

Step 02 在打开的"获取外部数据-HTML文档"对话框中保持其他设置不变，单击"浏览"按钮，如图3-46所示。

图3-45

图3-46

Step 03 ❶在打开的"打开"对话框中找到文件的保存路径，❷选择要链接的文件，这里选择"期刊.html"文件，单击"打开"按钮，如图3-47所示。

Step 04 返回到"获取外部数据-HTML文档"对话框中，选中"通过创建链接表来链接到数据源"单选按钮，单击"确定"按钮，如图3-48所示。

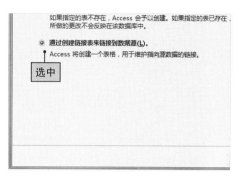

图3-47

图3-48

Step 05 在打开的"链接HTML向导"对话框中单击"下一步"按钮，重复单击该按钮，如图3-49所示。

Step 06 在打开的对话框中的"链接表名称"文本框中输入"期刊数据"，单击"完成"按钮，如图3-50所示。

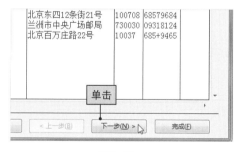

图3-49

图3-50

Step 07 在打开的对话框中单击"确定"按钮，即可查看到链接的外部文件，如图3-51所示。

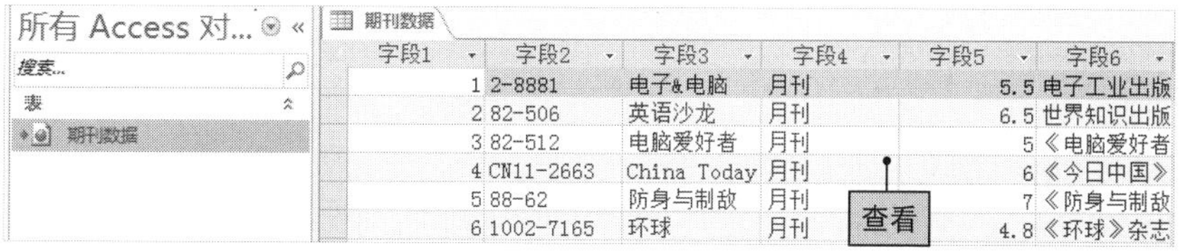

图3-51

3.3　在数据表中应用主键

主键是数据表中一个重要的部分，用户应当了解如何在数据表中正确对主键进行应用。

3.3.1　主键的作用与遵循的原则

设置主键对于建立一个数据表来说非常重要，设置合理的主键，能够方便后期维护和管理。

主键主要是用于其他表的外键关联，以及本记录的修改与删除等。具体包含以下4点作用。

◆ 数据库主键指的是一个列或多列的组合，其值能唯一地标识表中的每一行，通过它可保证表的实体完整性。

◆ 加快数据库的操作速度。

◆ 在表中添加新记录时，Access会自动检查新记录的主键值，不允许该值与其他记录的主键值重复。

◆ Access自动按主键值的顺序显示表中的记录。如果没有定义主键，则按输入记录的顺序显示表中的记录。

主键并不是用户随意建立的，在创建主键时，应当遵循一定的原则，如表3-4所示。

表3-4

原则	具体介绍
对用户无意义	主键应当是对用户没有意义的。如果用户看到了一个表示多对多关系的连接表中的数据，并抱怨它没有什么用处，那就证明它的主键设计得很好
尽量不更新主键	因为主键除了唯一标识一行之外，再没有其他的用途了，所以也就没有理由去对它更新。如果主键需要更新，则说明主键应对用户无意义的原则被违反了（这项原则对于那些经常需要在数据转换或多数据库合并时进行数据整理的数据并不适用）
不包含动态数据	主键不应包含动态变化的数据，如时间戳、创建时间列、修改时间列等

续表

原则	具体介绍
由系统生成主键	如果由用户来创建主键字段，可能会使主键带有除了唯一标识一行以外的意义，可能会产生他人恶意修改主键的情况，因此最好不要手动添加主键

3.3.2　更改主键

创建主键的操作很简单，在前面我们已经有所了解，而且对于直接创建的表，程序也自动添加了默认的自动编号主键。但是，如果用户要对表中已经存在的主键进行更改，就需要先删除主键，再创建其他主键。要删除主键，可以用以下方法完成。

◆ **删除主键**：选择数据表，切换到设计视图，❶选择主键字段（主键字段前有 🔑 标识），❷单击"表格工具 设计"选项卡"工具"组中的"主键"按钮即可删除主键，如图3-52所示。

◆ **删除主键所在字段**：切换到设计视图，将鼠标光标移动到主键字段左侧区域，当鼠标光标变为 ➡ 形状时，单击鼠标选择主键字段，按【Delete】键删除即可，如图3-53所示。

图3-52　　　　　　　　　　　　　　　　　　图3-53

除此之外，用户还可以切换到数据表视图，选择主键所在列，将其删除，同样可以删除主键。

删除系统默认的主键后，用户可以根据需要创建合适的主键。❶在窗格中选择数据表，❷单击"开始"选项卡"视图"组中的"视图"下拉按钮，❸选择"设计视图"选项，❹选择要设置成主键的字段，❺单击"表格工具 设计"选项卡"工具"组中的"主键"按钮，即可设置主键，如图3-54所示。

图3-54

3.3.3 了解复合主键

在设置的数据结构中，如果一个主键就能保证它能唯一识别这条记录在这个表中没有重复的就可以用一个主键。复合主键就是要几个字段合起来才能确定数据的唯一性。

在创建复合主键时，不能随意创建，要考虑到以下因素。

◆ 在数据较多，且不能保证没有重复数据出现时（因为主键的最基本要求就是没有重复数据），不适合创建复合主键。

◆ 在数据库中，数据表之间没有太复杂的关系，若关系太复杂，创建复合主键会让表的关系更加复杂，造成数据库维护困难。

◆ 若数据库的稳定性和完整性要求较高，这时不适合创建复合主键，因为它在一定程度上会影响到数据库整体的稳定性和完整性。

◆ 主键应该尽量简洁，包含尽可能少的属性，可以使用无意义的字段作为主键，如记录的自动编号。而复合主键并不满足这一条件。

例如，这里要让"产品"数据表中的ID自动编号和产品标识组成复合主键，从而更加方便、灵活地查询数据表中的数据。

具体操作步骤：❶在"产品"数据表上右击，在弹出的快捷菜单中选

择"设计视图"命令，切换到设计视图后，❷选择"ID"行，按住【Ctrl】
键选择"产品标识"行，❸单击"表格工具 设计"选项卡"工具"组中的
"主键"按钮创建复合主键，如图3-55所示。

图3-55

3.4 在数据表中应用索引

在Access关系数据库中，索引是一种单独的、物理的对数据库表中一
列或多列的值进行排序的一种存储结构，它是某个表中一列或若干列值的
集合和相应的指向表中物理标识这些值的数据页的逻辑指针清单。

3.4.1 索引在数据表中的作用

索引提供指向存储在表的指定列中的数据值的指针，然后根据用户指
定的排序顺序对这些指针进行排序。数据库使用索引以找到特定值，然
后顺着指针找到包含该值的行。这样可以使对应于表的SQL语句执行得更
快，从而快速访问数据库表中的特定信息。

当表中有大量记录时，若要对表进行查询，第一种搜索信息方式是全
表搜索，是将所有记录一一取出，然后和查询条件进行一一对比，再返回
满足条件的记录，这样做会消耗大量时间，并造成大量磁盘I/O操作；第二
种就是在表中建立索引，然后在索引中找到符合查询条件的索引值，最后
通过保存在索引中的ROWID（相当于页码）快速找到表中对应的记录。

通常情况下对以下3种字段编制索引：频繁搜索的字段、排序的字段和链接到多个表查询中其他表中的字段。无法为数据类型为"OLE对象""计算"或"附加"的字段创建索引。

对于其他字段，如果满足以下所有条件，则考虑为字段创建索引。

◆ 字段的数据类型是短文本、长文本、数字、日期/时间、自动编号、货币、"是/否"或"超链接"。
◆ 预期会搜索存储在字段中的值。
◆ 预期会对字段中的值进行排序。
◆ 预期会在字段中存储许多不同的值。如果字段中的许多值都是相同的，则索引可能无法显著加快查询速度。

3.4.2 创建和删除索引

要在数据表中创建索引，首先需要决定是创建单字段索引还是多字段索引。要创建单字段索引主要通过设置"索引"属性。在这之前首先需要了解"索引"属性，其可能的设置如表3-5所示。

表3-5

"索引"属性	具体介绍
无	不在此字段上创建索引（或删除现有索引）。对于不需要进行查询的字段用户可以将该字段的索引设置为"无"
有（有重复）	在此字段上创建索引。对于用户经常需要查询的、存在重复的字段，则可以将其设置为"有（有重复）"
有（无重复）	在此字段上创建唯一索引。对于用户经常需要查询的不存在重复的字段，可以将其设置为"有（无重复）"

另外，有些字段虽然经常被查询，但其内容简单，这种情况下索引不一定要设置为"有"，设置过多的索引会占用程序过多的资源，反而导致查询速度下降。比如"性别"字段，只有男、女，这就设置为"无"即可；再比如"班级"字段，如果班级不是特别多，索引也不要设置为"有"。

下面以在数据库中为经常需要查询的"交易日期"字段设置索引为例进行具体介绍。打开数据表，切换到设计视图，❶选择"交易日期"单元格，❷单击"常规"选项卡，❸选择"索引"文本框，单击右侧的下拉按钮，❹选择"有（有重复）"选项并保存即可创建索引（或连续双击该文本框，切换到"有（有重复）"选项），如图3-56所示。

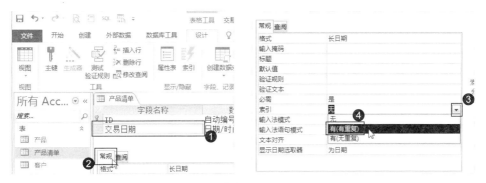

图3-56

如果用户需要删除创建的索引，首先还是需要切换到设计视图，❶在"表格工具 设计"选项卡"显示/隐藏"组中单击"索引"按钮，❷在打开的对话框中选择要删除的索引，按【Delete】键进行删除，最后保存即可，如图3-57所示。

图3-57

3.4.3　了解复合索引

如果用户经常同时依据两个或更多个字段进行搜索或排序，则可以为该字段组合创建索引。

例如，如果经常在同一个查询中为"供应商"和"产品名称"字段设置条件，则在这两个字段上创建多字段索引就很有意义。

依据多字段索引对表进行排序时，Access会先依据为索引定义的第一个字段来进行排序。创建多字段索引时，要设置字段的次序。如果在第一个字段中的记录具有重复值，则Access会接着依据为索引定义的第二个字段来进行排序，依次类推。需要注意的是，在一个多字段索引中最多可以包含10个字段。

创建复合索引的具体操作步骤如下。

◆ **第1步**：首先还是需要切换到设计视图，在"表格工具 设计"选项卡"显示/隐藏"组中单击"索引"按钮。

◆ **第2步**：在打开的对话框中的"索引名称"列中的第一个空白行内键入索引的名称，在"字段名称"列中选择需要用于索引的第一个字段。

◆ **第3步**：在下一行中，将"索引名称"列留空，然后在"字段名称"列中单击索引的第二个字段。重复此步，直至选择了要包含在索引中的所有字段为止。

要更改字段值的排序次序，则在"索引"窗口的"排序次序"列中进行"升序"或"降序"设置即可。默认排序顺序是升序。

如图3-58所示为在设置了"交易日期"字段的索引后，又添加了"产品标识"字段，组成了复合索引。

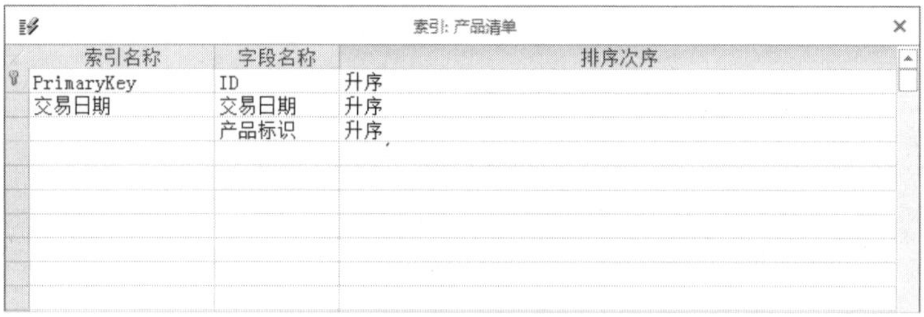

索引名称	字段名称	排序次序
PrimaryKey	ID	升序
交易日期	交易日期	升序
	产品标识	升序

图3-58

3.5 在数据表间建立关系

数据库中可能存在多张数据表，而且这些数据表之间还可能存在一定的关联，所以我们不仅要知道在数据表之间的关系的作用，还要知道如何建立数据表关系。

3.5.1 数据表之间的关系类型

在3.1.3节中介绍数据表规范时已经了解到数据表之间的关系类型有一对一、一对多和多对多3种，并对其效果进行了展示。

所创建的关系类型取决于相关联的列是如何定义的，这里主要对3种关系类型进行具体介绍，如表3-6所示。

表 3-6

关系类型	具体介绍
一对一关系	在一对一关系中，数据表 A 中的一行在数据表 B 中只能有一个匹配行，反之亦然。如果两个相关列都是主键或者都有唯一约束，则会创建一对一关系。此类型的关系不常见，因为多数通过此方法相关的信息都会在一个表内。可以使用一对一关系将表分为多列、出于安全考虑将表的一部分隔离、存储仅应用于主表子集的信息等
一对多关系	一对多关系是最常见的关系类型。在此类型的关系中，数据表 A 中的一行在数据表 B 中可以有多个匹配行，但数据表 B 中的一行在数据表 A 中只能有一个匹配行。例如，"出版商"表和"书籍"表具有一对多关系：每家出版商可以出版多种书籍，而每种书籍只能来自一家出版商。如果只有其中一个相关列是主键或者具有唯一约束，则会创建一对多关系
多对多关系	在多对多关系中，数据表 A 中的一行在数据表 B 中可以有多个匹配行，反之亦然。要创建这种关系，需要另外定义一个表，该表称为联接表，其主键由数据表 A 和数据表 B 中的外键组成。例如，"作者"表和"书籍"表具有多对多关系，该关系由这两个表与"书籍作者"表之间的一对多关系定义

3.5.2 创建数据表关系的方法

对数据表关系有了一定的了解后，下面将介绍数据表关系的创建方法。在Access中创建数据表关系主要有两种方法，分别是通过"关系"窗口创建和通过查阅向导创建。

◆ 通过"关系"窗口创建关系

通过"关系"窗口创建数据表关系，可以让各个数据表之间的关系更加明确。下面具体介绍在"设备管理系统"数据库中创建一对多关系的具体操作。

实例演示 为设备管理信息创建关系

素材文件	◎素材\Chapter 3\设备管理系统.accdb
效果文件	◎效果\Chapter 3\设备管理系统.accdb

Step 01 打开"设备管理系统"素材，❶打开任意数据表，❷单击"表格工具表"选项卡"关系"组中的"关系"按钮，如图3-59所示。

Step 02 ❶在"关系工具 设计"选项卡"关系"组中单击"显示表"按钮，❷在打开的"显示表"对话框"表"选项卡中选择前4个表，单击"添加"按钮，在单击"关闭"按钮，如图3-60所示。

图3-59　　　　　　　　　　　　　图3-60

Step 03 ❶单击"关系工具 设计"选项卡"工具"组中的"编辑关系"按钮，❷在打开的"编辑关系"对话框中选择"新建"按钮，如图3-61所示。

Step 04 ❶在打开的"新建"对话框中的4个下拉列表框中分别选择"设备信息表""设备类别表""设备编号"和"类别编号"，❷单击"确定"按钮，如图3-62所示。

图3-61　　　　　　　　　　　　　图3-62

Step 05 ❶返回到"编辑关系"对话框，单击"创建"按钮完成第一个关系的创建，❷用同样的方法设置第二、三个关系，并对关系进行布局，如图3-63所示。

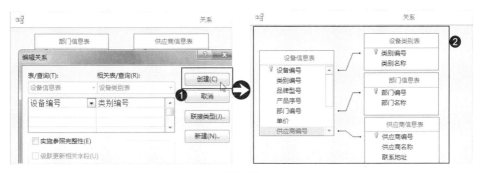

图3-63

TIPS *以窗口的方式显示打开的对象*

在Access 2016 中，默认情况下打开的对象是以选项卡的方式在工作区显示，用户可以通过"Access选项"对话框将其设置为窗口模式。首先打开"Access选项"对话框，❶单击"当前数据库"选项卡，❷在"文档窗口"栏中选中"重叠窗口"单选按钮，❸单击"确定"按钮保存，如图3-64所示。

图3-64

◆ 通过查阅向导创建关系

除了"关系"窗口可以创建数据表关系外，通过查阅向导同样可以创建关系，下面进行具体介绍。

首先打开要创建关系的数据表，切换到设计视图，❶单击要创建关系的字段右侧的"数据类型"下拉按钮，❷选择"查阅向导"命令，❸在打开的"查阅向导"对话框中选择上方的单选按钮，单击"下一步"按钮，如图3-65所示。

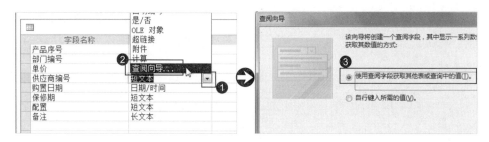

图3-65

在打开的对话框的列表框中选择需要创建关系的另一个数据表，❶这里选择"表：供应商信息表"选项，单击"下一步"按钮，❷在打开的对话框的"可用字段"列表框中选择"供应商编号"选项，单击 ⑤ 按钮，单击"下一步"按钮，❸在打开的对话框中单击"1"下拉列表框，❹选择"供应商编号"字段选项，单击"下一步"按钮，❺在打开的对话框中单击"完成"按钮，如图3-66所示在打开的提示对话框中单击"是"按钮保存设置即可。

图3-66

通过查阅向导创建的关系，在"关系"窗口中并不会直接显示出来，用户需要单击"关系工具 设计"选项卡"关系"组中的"所有关系"按钮即可进行显示。

3.5.3　数据表关系的完整性

关系完整性指关系数据库中数据的正确性和可靠性，关系数据库管理系统的一个重要功能就是保证关系的完整性。关系完整性包括实体完整性、值域完整性、参照完整性和用户自定义完整性。

◆ **实体完整性**：若属性 A 是基本关系 R 的主属性，则属性 A 不能取空值。

◆ **值域完整性**：记录中每个字段的取值必须在其对应属性的域内。

◆ **参照完整性**：相关数据表中的同一个数据必须一致，如果其在某个表中允许为空时，也可以为空，即一个为空一个不为空的情况是允许的。

◆ **自定义完整性**：用户根据需要对属性设置的约束条件，如某个属性下的值不能为空，取值范围为 0 到 100 之间的整数等。

在 Access 中创建表关系时，用户可以通过在如 3-63 左图所示的"编辑关系"对话框中选中"实施参照完整性"复选框来实施数据库中相关表的参照完整性。

3.6　查看和编辑表关系

创建数据表关系后，用户可以在数据表中查看到数据表关系，除此之外，对已经创建的表关系，用户还可以进行更改和删除。

3.6.1　查看表关系

为数据表创建的关系，系统会直观地展示在数据表中，所以检验表关系是否创建成功与是否合适的方法就是在数据表进行查看，其具体操作如下。

在创建关系的数据表中，单击"展开"按钮，若展开有数据，且数据对应正确就是成功、合适的表关系，如图3-67所示。反之则是失败、不合适的表关系。

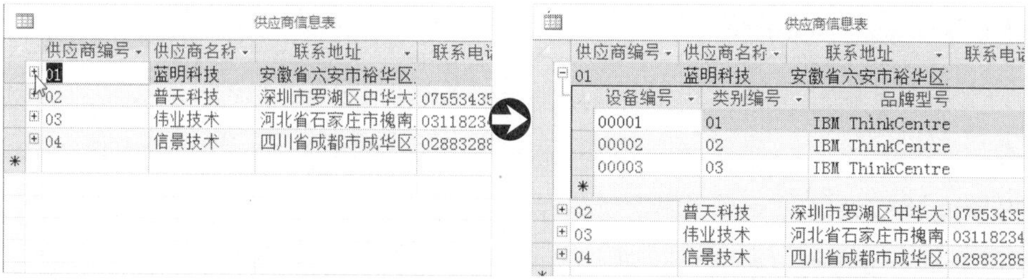

图3-67

除此之外，如果用户需要查看数据表与数据表之间字段联系，还是可以通过"关系"窗口进行查看。

3.6.2　更改表关系

用户创建表关系时，不一定能完全考虑好表之间的关系，创建出的关系也并不一定完全适合实际需要。因此，有时需要对关系进行更改，下面具体介绍其更改操作。

首先打开"关系"窗口，❶选择要进行修改的关系线，这里选择设备信息表和供应商信息表之间的关系线，❷单击"关系工具 设计"选项卡"工具"组中的"编辑关系"按钮，❸在打开的"编辑关系"对话框中的列表框中单击下拉按钮，重新进行设置即可，如图3-68所示。

图3-68

3.6.3 删除表关系

创建的表关系如果存在多余的情况，则最好将其删除，避免对其他表数据产生影响。

❶在"关系"窗口中选择要删除表关系的关系线，右击，❷选择"删除"命令，❸在打开的提示对话框中单击"是"按钮即可，如图3-69所示。

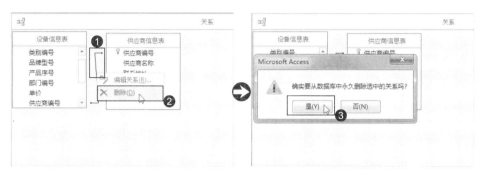

图3-69

新建学生成绩管理数据库并建立关系

在本节主要介绍了数据表基础知识、数据来源、主键、索引以及数据表关系等内容。下面通过在"学生成绩管理"数据库中创建数据表并建立表关系为例，对本章内容进行综合运用。

素材文件	◎素材\Chapter 3\学生成绩管理.accdb
效果文件	◎效果\Chapter 3\学生成绩管理.accdb

Step 01 打开"学生成绩管理"素材，❶单击"创建"选项卡"表格"组中的"表设计"按钮切换到设计视图，❷在"表1"窗口中第一行输入字段名称和设置数据类型，❸设置合适的字段属性，如图3-70所示。

图3-70

Step 02 ❶以同样的方法添加其他字段，❷选择"课程编号"字段，❸单击"表格工具 设计"选项卡"工具"组中的"主键"按钮，将该字段设置为主键，如图3-71所示。

图3-71

Step 03 ❶单击"关闭"按钮，❷在打开的提示对话框中单击"是"按钮，❸在打开的"另存为"对话框的"表名称"文本框中输入"课程表"文本，❹单击"确定"按钮，如图3-72所示。

Step 04 双击导航栏中的数据表将其打开，在其中录入数据，以同样的方法创建"学生信息表"和"成绩表"数据表，并录入数据，如图3-73所示。

图3-72

图3-73

Step 05 单击"数据库工具"选项卡"关系"组中的"关系"按钮，如图3-74所示。

Step 06 ❶打开"显示表"对话框，在"表"选项卡中按住【Ctrl】键选择3张表，❷单击"添加"按钮，❸单击"关闭"按钮，如图3-75所示。

图3-74　　　　　　　　　　　　　图3-75

Step 07 ❶双击"关系"窗口中的空白位置打开"编辑关系"对话框，❷单击"新建"按钮，如图3-76所示。

Step 08 ❶在打开的"新建"对话框中依次设置"左表名称""右表名称""左列名称"和"右列名称"，❷单击"确定"按钮，❸返回到"编辑关系"对话框中单击"创建"按钮即可创建第一个关系，如图3-77所示。

图3-76　　　　　　　　　　　　　图3-77

Step 09 以同样的方法创建"成绩表"数据表与"学生信息表"数据表之间的关系，如图3-78所示。

Step 10 完成关系的创建后，为了让数据表之间的关系更加明朗，可以对"关系"窗口中的关系进行布局，最后保存并退出即可，如图3-79所示。

图3-78

图3-79

第4章
数据表字段与Access
数据的编辑操作

　　数据表是关系型数据库中原始的信息存储场所，要想真正了解并掌握数据库，了解数据表格式的设置方式以及数据表排序、筛选以及打印等基本操作是很有必要的。

对数据表字段进行操作

调整字段顺序
隐藏和显示字段
冻结和解冻字段

数据表中数据的一般管理方法

查找和替换数据
排序数据
筛选数据
汇总数据

编辑数据表结构

添加和删除字段
添加新记录
......

75

▼ Excel和Access对比学：数据处理问题

1. Excel中针对表单中的单个值进行设置

在Excel中建立的表单，要对其中的单个值进行设置，只需要选择该值所在的单元格，在"开始"选项卡中即可对单元格的行高、列宽、字体格式以及单元格显示或隐藏进行设置。

在Excel中，如果要对表单中的单个数据进行限制，主要是通过对单元格设置数据验证等来实现，用户自定义输入的表头对表格数据实际上没有任何的限制作用，只是用作标识表格数据。

2. Access中基于字段和记录的数据结构调整

在Access中则引入了字段和记录，字段与Excel数据表中的一列数据比较类似，例如"姓名"字段、"ID"字段等；而记录则是数据表中数据的总和，一条记录就是数据表中的一行。

与Excel相似，在Access中同样可以通过拖动鼠标光标快速调整数据表的行高和列宽，并通过"开始"选项卡对数据表中的字体格式、数据表样式进行设置。

4.1 对数据表字段进行操作

在Access中，数据表字段是构成数据记录的基本单元，对于数据字段的编辑操作是每个Access用户需要掌握的基本操作，本节就针对比较常见的数据表字段操作进行介绍，包括调整字段顺序、隐藏和显示字段以及冻结和解冻字段。

4.1.1 调整字段顺序

在第3章中介绍数据表规范时提到，数据表字段顺序应当规范。因此，用户还需要知道如何调整字段的顺序。

在Access中调整字段顺序主要有两种方法，分别是在数据表视图中进行调整和在设计视图中进行调整。

◆ **在数据表视图中进行调整**：如图4-1将鼠标光标移动到要调整的字段名上，单击后选择该字段，按住鼠标左键不放，将其拖动到合适的位置，释放鼠标左键即可调整字段，如图4-2所示。

图4-1　　　　　　　　　　　　　　　　图4-2

◆ **在设计视图中进行调整**：要调整字段的顺序，在设计视图中非常方便。如图4-3直接在设计视图中要调整的字段左侧单击，选择该字段，按住鼠标左键进行拖动即可调整字段顺序，如图4-4所示。

图4-3　　　　　　　　　　　　　　　　图4-4

4.1.2　隐藏和显示字段

如果Access数据表中的部分数据较为机密或暂时不需要查看，则可以将对应字段进行隐藏，仅把其他需要查看的字段显示出来。

隐藏字段的操作非常简单，只需要在字段名称上右击，在弹出的快捷菜单中选择"隐藏字段"命令如图4-5所示，即可隐藏当前选择字段，如图4-6所示。

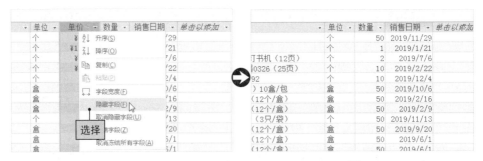

图4-5   图4-6

TIPS 其他方法隐藏和显示字段

　　除了文中介绍的通过快捷菜单显示和隐藏字段外，用户还可以通过选项卡命令进行操作。选择要隐藏的字段，单击"开始"选项卡"记录"组中的"其他"下拉按钮，在弹出的下拉菜单中选择"隐藏字段"选项即可隐藏字段。同样的，在该下拉菜单中选择"取消隐藏字段"命令，在打开的对话框中即可设置取消隐藏字段。

　　如果需要将隐藏的字段显示出来，❶只需要在任意字段上单击鼠标右键，❷在弹出的快捷菜单中选择"取消隐藏字段"命令如图4-7所示，❸在打开的"取消隐藏列"对话框中选中需要显示字段的复选框，即可将该字段显示出来，如图4-8所示。

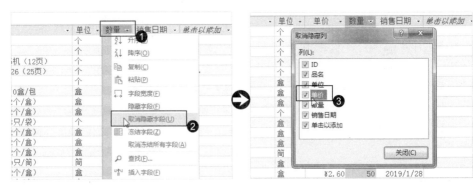

图4-7   图4-8

TIPS 　快速隐藏多个字段

在"取消隐藏列"对话框中不仅可以取消隐藏字段，还可以对多个字段进行快速隐藏。只需要在打开的"取消隐藏列"对话框中取消选中需要隐藏字段的复选框，即可隐藏对应的字段，最后关闭对话框即可。

4.1.3　冻结和解冻字段

用户在查看数据表时，如果希望表中的某一字段一直显示在工作界面中，不随窗口滚动而隐藏，则可以将这些字段冻结，使得这些字段显示在其他字段之前，并且在水平方向拖动滚动条时不会被隐藏。

首先在数据表中选择需要冻结的字段，如图4-9所示单击鼠标右键，在弹出的快捷菜单中选择"冻结字段"命令即可冻结字段，如图4-10所示。

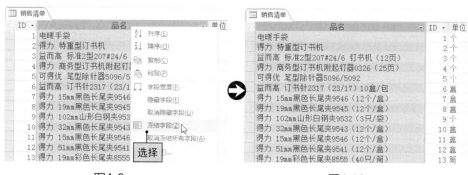

图4-9　　　　　　　　　　　　　图4-10

取消字段冻结的操作与冻结字段基本相似，如图4-11所示选择需要取消冻结的字段，单击鼠标右键，在弹出的快捷菜单中选择"取消冻结所有字段"命令取消数据表中所有字段的冻结，或是单击"开始"选项卡"记录"组中的"其他"下拉按钮，选择"取消冻结所有字段"选项，如图4-12所示。

图4-11

图4-12

TIPS 取消冻结字段的补充说明

冻结字段后再取消冻结字段，那些被冻结过的字段不会再返回之前的位置，只会取消其冻结效果，如果需要恢复之前的位置，需要用户手动调整字段的顺序。

4.2 数据表中数据的一般管理方法

数据表中的数据管理方法与Excel相似，可以对数据表进行数据查找和替换、数据排序、数据筛选以及分类汇总等操作。

4.2.1 查找和替换数据

Access中的查找替换功能与Excel中的查找替换功能基本相同，不同的是，在数据查找时，Access对查找范围和匹配条件的限制较为明确。

如果用户查找到的数据需要进行替换，可以使用替换功能进行批量操作，加快用户工作效率。下面以在"销售清单"数据库中将"销售清单"数据表中错误的"得利"文本替换为"得力"文本为例进行介绍。

实例演示 将"销售清单"数据表中的"得利"文本替换为"得力"文本

素材文件	◎素材\Chapter 4\销售清单.accdb
效果文件	◎效果\Chapter 4\销售清单.accdb

Step 01 ❶打开"销售清单"数据库的"销售清单"数据表，❷选择"品名"字段，❸单击"开始"选项卡"查找"组中的"查找"按钮，如图4-13所示。

Step 02 ❶在"查找内容"下拉列表框中输入"得利"文本，❷在"查找范围""匹配"和"搜索"下拉列表框中分别选择"当前字段""字段开头"和"全部"选项，如图4-14所示，单击"查找下一个"按钮，即可在文档中查看到以"得利"开头的数据。

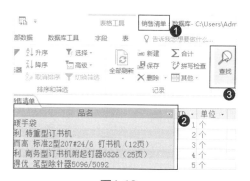

图4-13

图4-14

Step 03 ❶单击"替换"选项卡，❷在"替换为"下拉列表框中输入"得力"文本，如图4-15所示，单击"全部替换"按钮即可替换所有以"得利"开头的数据。

Step 04 ❶在打开的提示对话框中单击"是"按钮，❷单击"查找和替换"选项卡右上角的"关闭"按钮返回数据表中即可查看最终效果，如图4-16所示。

图4-15

图4-16

TIPS 通过快捷键打开 "查找和替换" 对话框

在Office办公组件中，各种操作的快捷键基本相同，按【Ctrl+F】组合键即可打开 "查找和替换" 对话框的 "查找" 选项卡；按【Ctrl+H】组合键即可打开 "查找和替换" 对话框的 "替换" 选项卡。

4.2.2 排序数据

在Excel中默认情况下排序是按列进行的，在Access中排序是按字段进行的，二者有相似之处，并且同样都可以进行升序和降序排序。

在Access中，对数据表中数据的排序方法有单字段排序、多字段排序以及高级排序3种。

◆ 单字段排序

数据表中的数据其顺序一般是按照数据输入的顺序进行保存和排列的，这种顺序也叫作自然顺序。有时为了实际工作的需要，要对数据表进行排序。其中，最简单的是单字段排序，直接单击字段名右侧的下拉按钮，在打开的面板中选择排序方式即可（或是在字段中的任意单元格上右击，在弹出的快捷菜单中选择排序方式即可），如图4-17所示。

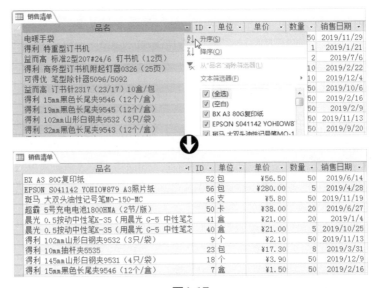

图4-17

◆多字段排序

多字段排序与单字段排序的操作基本相同，只是需要依次进行排序操作。这与Excel中的多字段排序相似，后进行的排序的等级更高，如图4-18所示为在品名升序排列结果的基础上再根据单价的降序排序。

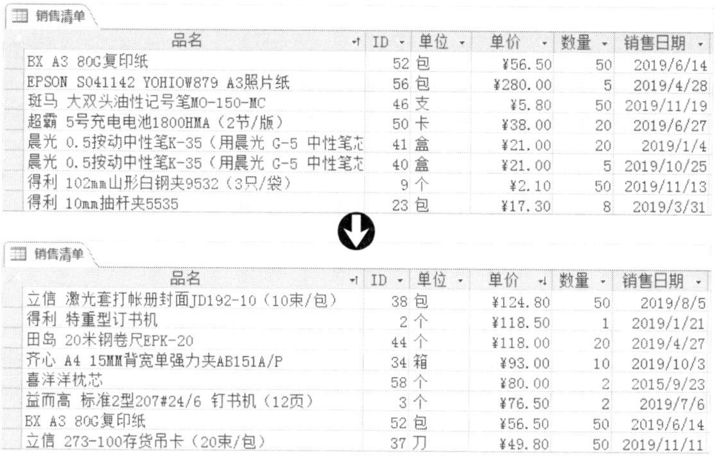

销售清单

品名	ID	单位	单价	数量	销售日期
BX A3 80G复印纸	52	包	¥56.50	50	2019/6/14
EPSON S041142 YOHIOW879 A3照片纸	56	包	¥280.00	5	2019/4/28
斑马 大双头油性记号笔MO-150-MC	46	支	¥5.80	50	2019/11/19
超霸 5号充电电池1800HMA（2节/版）	50	卡	¥38.00	20	2019/6/27
晨光 0.5按动中性笔K-35（用晨光 G-5 中性笔芯	41	盒	¥21.00	20	2019/1/4
晨光 0.5按动中性笔K-35（用晨光 G-5 中性笔芯	40	盒	¥21.00	5	2019/10/25
得利 102mm山形白钢夹9532（3只/袋）	9	个	¥2.10	50	2019/11/13
得利 10mm抽杆夹5535	23	包	¥17.30	8	2019/3/31

销售清单

品名	ID	单位	单价	数量	销售日期
立信 激光套打帐册封面JD192-10（10束/包）	38	包	¥124.80	50	2019/8/5
得利 特重型订书机	2	个	¥118.50	1	2019/1/21
田岛 20米钢卷尺EPK-20	44	个	¥118.00	20	2019/4/27
齐心 A4 15MM背宽单强力夹AB151A/P	34	箱	¥93.00	10	2019/10/3
喜洋洋枕芯	58	个	¥80.00	2	2015/9/23
益而高 标准2型207#24/6 钉书机（12页）	3	个	¥76.50	2	2019/7/6
BX A3 80G复印纸	52	包	¥56.50	50	2019/6/14
立信 273-100存货吊卡（20束/包）	37	刀	¥49.80	50	2019/11/11

图4-18

◆高级排序

Access中的高级排序与Excel表格中通过“排序”对话框设置参数排序类似，通过参数的设置，使表中的数据按照指定的方式进行排序。

下面以在“进货统计”数据库中对“进货统计”表中的记录进行高级排序为例，进行具体介绍。

实例演示 将“进货统计”表中的记录进行高级排序

素材文件	◎素材\Chapter 4\进货统计.accdb
效果文件	◎效果\Chapter 4\进货统计.accdb

Step 01 ❶打开“进货统计”数据库的“进货统计”数据表，❷在“开始”选项卡“排序和筛选”组中单击“高级”下拉按钮，❸选择“高级筛选/排序”命令，❹在打开的“进货统计筛选1”窗口中设置多个筛选字段和方式，如图4-19所示。

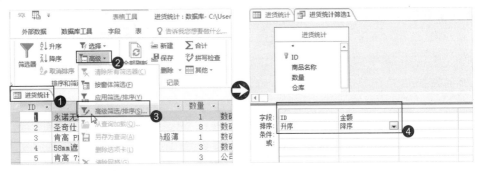

图4-19

Step 02 设置排序条件后单击"开始"选项卡"排序和筛选"组中的"切换筛选"按钮，应用设置好的排序依据，如图4-20所示。

Step 03 完成操作后，则会自动切换到"进货统计"数据表，在其中可对所有的内容进行排序，如图4-21所示。

图4-20　　　　　　　　　　　　　　图4-21

TIPS *排序字段的选择*

在窗口中设置排序字段时，需要考虑排序字段的顺序，多字段排序就相当于Excel中的主要关键字和次要关键字的顺序。

4.2.3　筛选数据

用户如果需要查看或打印数据表中符合具体要求的数据，则可以通过筛选功能将这些需要的记录筛选出来。在Access中进行数据筛选的方法主要有3种，分别是通过筛选器筛选、按内容筛选以及高级筛选。

◆ 通过筛选器筛选

如果需要筛选的纪录是某个字段内的具体值或是在某个范围内的数据，则可以通过筛选器进行快速筛选。下面以在数据表中筛选出"品名"字段以"齐心"开头的记录为例，进行介绍。

打开数据表，❶单击"品名"字段名右侧的下拉按钮，❷在打开的筛选面板中选择"文本筛选器"命令，❸在弹出的子菜单中选择"开头是"命令，❹在打开的"自定义筛选"对话框中的"开头是"文本框中输入"齐心"文本，❺单击"确定"按钮，返回到数据表中即可查看筛选结果，如图4-22所示。

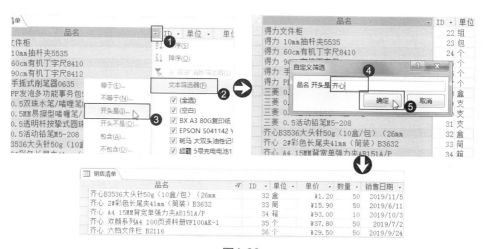

图4-22

◆ 按内容筛选

如果用户需要筛选出与表中某个字段相关的记录，❶可以在选择字段中某个具体的值之后，❷单击"排序和筛选"组中的"选择"下拉按钮，❸在弹出的下拉菜单中选择需要的命令所程序自动筛选出符合要求的纪录，如图4-23所示。

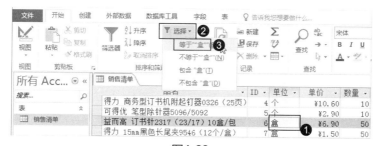

图4-23

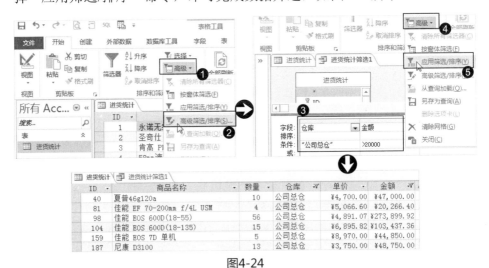

	品名	·	ID ·	单位 ·	单价 ·	数量 ·	销售日期 ·	单击以添
	益而高 订书针2317（23/17）10盒/包		6	盒	¥6.90	50	2019/10/6	
	得力 15mm黑色长尾夹9546（12个/盒）		7	盒	¥1.50	50	2019/2/16	
	得力 19mm黑色长尾夹9545（12个/盒）		8	盒	¥1.60	50	2019/2/9	
	得力 32mm黑色长尾夹9543（12个/盒）		10	盒	¥3.40	50	2019/9/20	
	得力 15mm黑色长尾夹9546（12个/盒）		11	盒	¥1.50	50	2019/6/1	
	得力 51mm黑色长尾夹9541（12个/盒）		12	盒	¥8.70	50	2019/6/1	

图4-23（续）

◆ 高级筛选

Access中的高级筛选与Excel中的高级筛选十分相似，都是通过设置筛选条件进行筛选。不仅如此，高级筛选与高级排序的操作也十分相似。

下面以在数据表中筛选出仓库为公司总仓，金额大于20 000的记录为例进行介绍。

首先打开数据表，❶单击"开始"选项卡"排序和筛选"组中的"高级"下拉按钮，❷选择"高级筛选/排序"命令，❸在打开的"进货统计筛选1"窗口中输入对字段进行筛选的条件，❹单击"高级"下拉按钮，❺选择"应用筛选/排序"命令，即可完成数据筛选，如图4-24所示。

图4-24

TIPS 如何清除排序和筛选

在数据库中，表中数据的筛选和排序操作一般是不会被保存的，用户关闭数据库时，在打开的对话框中单击"否"按钮不保存，重新打开，即可发现排序和筛选一般就不存在了。也可以通过"开始"选项卡中的"取消排序"按钮取消排序，通过状态栏中的筛选状态按钮取消筛选，如图4-25所示。

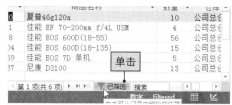

图4-25

4.2.4 汇总数据

在Access中可以通过添加汇总行的方式，对数据表中的数据记录进行计数、求和、求平均值以及求最值等。

下面以在"商品销售明细"数据库中汇总金额数据为例，具体介绍数据表中汇总数据的操作。

实例演示 汇总"商品销售明细"数据表中的金额数据

素材文件	◎素材\Chapter 4\商品销售明细.accdb
效果文件	◎效果\Chapter 4\商品销售明细.accdb

Step 01 ❶打开"商品销售明细"数据库，打开"商品销售明细"数据表，❷单击"开始"选项卡"记录"组中的"合计"按钮在表格末尾添加汇总行，如图4-26所示。

Step 02 ❶单击"金额"字段的汇总单元格，单击其中的下拉按钮，❷选择"合计"选项，如图4-27所示。

图4-26 图4-27

Step 03 完成设置后即可在"金额"字段汇总单元格中查看到金额的合计数据，如图4-28所示。

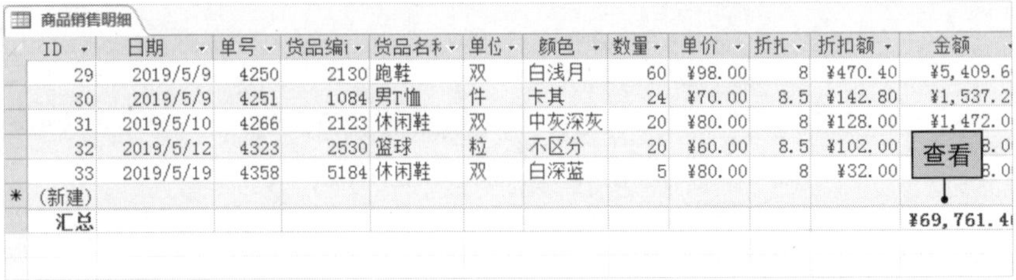

ID	日期	单号	货品编i	货品名称	单位	颜色	数量	单价	折扣	折扣额	金额
29	2019/5/9	4250	2130	跑鞋	双	白浅月	60	¥98.00	8	¥470.40	¥5,409.6
30	2019/5/9	4251	1084	男T恤	件	卡其	24	¥70.00	8.5	¥142.80	¥1,537.2
31	2019/5/10	4266	2123	休闲鞋	双	中灰深灰	20	¥80.00	8	¥128.00	¥1,472.
32	2019/5/12	4323	2530	篮球	粒	不区分	20	¥60.00	8.5	¥102.00	8.0
33	2019/5/19	4358	5184	休闲鞋	双	白深蓝	5	¥80.00	8	¥32.00	8.0
*(新建)											
汇总											¥69,761.4(

图4-28

4.3 编辑数据表结构

数据表中记录、字段的增加和删除是数据表的基本操作，也是用户需要掌握的。

4.3.1 添加和删除字段

前面介绍调整字段的顺序主要有两种方法，同样的，增加和删除字段也有两种方法，分别是在数据表视图中添加或删除、在设计视图中添加或删除。

◆ 在数据表视图中添加或删除

如果要在数据表最右侧添加一个字段，直接在数据表右侧找到空白列，默认情况下，该列的列标题中会显示"单击以添加"字样，在标题下面的第一个空白行中输入一些数据并进行保存即可添加一个字段，并且系统将自动识别字段的类型，如图4-29所示。❶在要删除的字段名上单击，❷单击"开始"选项卡"记录"组中的"删除"按钮，在打开的提示对话框中单击"是"按钮确定即可删除该字段，如图4-30所示。

◆ 在设计视图中添加或删除

切换到设计视图，在最后一行设置字段名称和数据类型即可添加字段。如果要在某个字段前添加字段，如图4-31所示❶首先选择该字段，❷单击"表格工具 设计"选项卡"工具"组中的"插入行"按钮，录入字段名称并设置相应的数据类型和字段属性即可，如图4-32所示。删除字段的操作与添加字段的操作相同，只需要选择要删除的字段，单击"表格工具设计"选项卡下的"删除行"按钮即可。

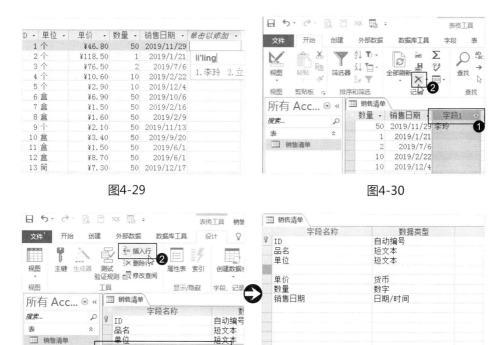

图4-29　　　　　　　　　　　　图4-30

图4-31　　　　　　　　　　　　图4-32

TIPS 删除字段注意事项

　　删除列时，会删除列中的所有数据，并且无法撤销删除。对于主键字段的删除，不能使用数据表视图删除，必须使用设计视图来执行此操作。

4.3.2　添加新记录

　　在Excel中添加一行数据可以在末尾或中间任何位置插入，在Access数据表中，只能在数据表末尾插入新纪录。并且，如果设置了主键，则该字段必须输入，否则无法进行保存。

最简单的添加新记录的方法是将文本插入点定位到数据表最后一行的空白单元格中进行输入即可。

如果用户无法确定最后一行，也可以打开数据表，如图4-33单击"开始"选项卡"记录"组中的"新建"按钮，程序将自动定位到最后一行的首个单元格中，用户依次录入新纪录的数据即可，如图4-34所示。

图4-33　　　　　　　　　　　　　　　　图4-34

4.3.3　删除记录

删除记录的方法有很多，与Excel中比较相似，选择需要删除的一条记录，按【Delete】键并进行确定，即可删除记录，如果要删除多条记录，选择多条进行删除即可。

除此之外，在Access中还可以通过快捷菜单和选项卡命令进行删除。

◆ 通过快捷菜单删除：❶选择要删除的记录，单击鼠标右键，❷在弹出的快捷菜单中选择"删除记录"命令，在打开的提示对话框中单击"是"按钮即可删除记录，如图4-35所示。

◆ 通过选项卡命令删除：❶选择要删除的记录，❷单击"开始"选项卡"记录"组中的"删除"按钮右侧的下拉按钮，❸选择"删除记录"命令，在打开的提示对话框中单击"是"按钮即可删除记录，如图4-36所示。

图4-35

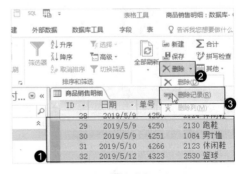

图4-36

4.4 使用子数据表

当Access中的两个表具有一个或多个公用字段时，可以将一个表中的数据表嵌入另一个表中。如果要查看和编辑表或查询表中的相关数据，则嵌入的数据表（也称为子数据表）很实用。

4.4.1 认识子数据表

如果用户希望在单个数据表视图中查看多个数据源中的信息时，子数据表非常有用。

如图4-37例如在"订单"数据库中的"订单"数据表包含"订单明细"表的一对多关系，如图4-38所示。

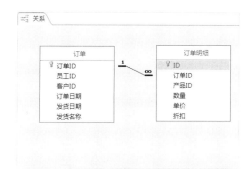

图4-37

图4-38

如果"订单明细"表是作为"订单"表中的子数据表添加的，则可以通过打开该订单的子数据表来查看和编辑数据，如特定订单（每行）中包含的产品，如图4-39所示。

图4-39

如果将子数据表添加到表中，需要将这些子数据表的使用权限设置为查看，而不是编辑重要的业务数据。如果要编辑表中的数据，建议使用窗体编辑数据，而不是子数据表，因为如果用户不小心滚动到正确的单元格，则可能会在数据表视图中出现数据输入错误。另请注意，将子数据表添加到大型表可能会对表的性能产生负面影响。

在Access中，如果两个表存在以下关系时，Access会自动创建子数据表：

◆ 两个表之间是一对一关系。

◆ 两个表之间是一对多关系，关系中为"一"方的表，其中表的"子数据表名称"属性为"自动"，则可以为"一"方的表创建子数据表。

4.4.2 展开和折叠子数据表

若要确定表、查询或窗体是否已具有子数据表，可以在数据表视图中打开对象。如果存在展开指示器（"+"符号），则表、查询或窗体具有子数据表。当子数据表打开时，指示器将更改为"－"符号。数据表中的子数据表最多可嵌套8个级别。

◆ 若要打开子数据表，单击其记录的值旁边的"+"按钮，如4-40左图所示。

◆ 若要关闭子数据表，单击"－"按钮，如4-40右图所示。

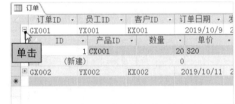

图4-40

若要同时展开或折叠数据表中的所有子数据表，❶在"开始"选项卡的"记录"组中单击"其他"下拉按钮，❷在弹出的下拉菜单中选择"子数据表"命令，❸在其子菜单中选择"全部展开"（或"全部折叠"）命令即可，如图4-41所示。

图4-41

4.4.3　添加和删除子数据表

了解了什么是子数据表后，还要知道如何为现有数据表添加子数据表，以及如何删除子数据表。

首先打开要创建子数据表的表，❶在"开始"选项卡上的"记录"组中单击"其他"下拉按钮，❷在弹出的下拉菜单中选择"子数据表"命令，❸在其子菜单中选择"子数据表"命令。❹在打开的"插入子数据表"对话框的"表"选项卡中选择"订单明细"选项，❺在"链接子字段"下拉列表框中选择"订单ID"选项，❻在"链接主字段"下拉列表框中选择"订单ID"选项，❼单击"确定"按钮即可，如图4-42所示。

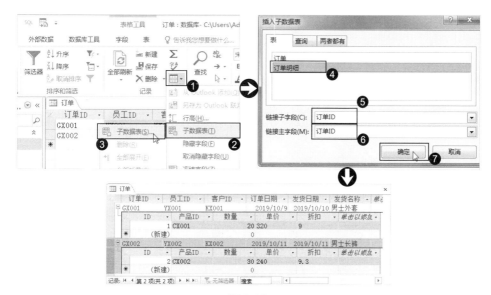

图4-42

链接子字段是指子数据表中与主数据表进行链接的字段；链接主字段是指主数据表中与子数据表进行链接的字段。

如果需要将创建的子数据表删除掉，则需要了解子数据表的删除操作。需要注意的是，删除子数据表不会删除它所链接到的表、查询或窗体，也不会修改相关联的表之间的任何关系。

打开要删除子数据表的表，❶在"开始"选项卡中的"记录"组中单击"其他"下拉按钮，❷选择"子数据表/删除"命令即可删除当前表中的子数据表，如图4-43所示。打开"关系"窗口即可查看到两个表之间的关系依然存在，如图4-44所示。

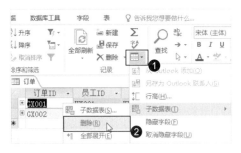

图4-43

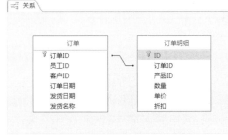

图4-44

4.5 数据表的打印

用户对数据表中的数据设置完成后，可以将数据表打印出来。打印数据表的操作与在Excel中打印数据表的操作相似，其具体操作如下。

打开要打印的数据表，❶单击"文件"选项卡，单击"打印"选项卡，❷单击"打印预览"按钮，❸在"打印预览"选项卡中预览打印效果，并设置纸张大小和页边距，❹单击"打印"按钮，❺在打开的对话框中选择打印设备，单击"确定"按钮即可进行打印，如图4-45所示。

图4-45

图4-45（续）

为考试成绩管理表设置格式并汇总数据

在本章中提及数据表的格式化操作，并对数据表字段、数据管理、数据表结构设置、子数据表的使用以及数据表的打印等内容进行了具体介绍。下面通过对数据表进行格式化、对成绩数据进行汇总以及添加子数据表等为例，对本章的涉及的内容进行总结。

素材文件	◎素材\Chapter 4\考试成绩管理.accdb
效果文件	◎效果\Chapter 4\考试成绩管理.accdb

Step 01 打开"考试成绩管理"素材，❶在导航窗格中双击"学生成绩"选项打开数据表，❷在"开始"选项卡"文本格式"组中设置字体格式为"微软雅黑，11"，❸单击"居中"按钮，如图4-46所示。依次选择后3个字段中的单元格，设置居中对齐。

Step 02 ❶单击"开始"选项卡"文本格式"组的"对话框启动器"按钮，❷在打开的"设置数据表格式"对话框中取消选中"网格线显示方式"栏中的"水平"复选框，如图4-47所示。

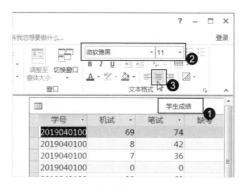

图4-46   图4-47

Step 03 ❶在"背景色""替代背景色""网格线颜色"下拉列表框中分别设置颜色为"自动""绿色，个性色6，淡色60%""绿色，个性色6，深色25%"，❷单击"确定"按钮，如图4-48所示。

Step 04 ❶在"学号"字段名上右击，在弹出的快捷菜单中选择"字段宽度"命令，❷在打开的"列宽"对话框的"列宽"文本框中输入"22"，❸单击"确定"按钮，如图4-49所示。

图4-48   图4-49

Step 05 选择"机试"字段，将鼠标光标移动到字段名上，按住鼠标左键不放将其拖动到"笔试"字段的右侧，如图4-50所示。以同样的方法对"学生名单"数据表进行布局。

Step 06 ❶选择"学生成绩"表的"机试"字段，❷单击"开始"选项卡"排序和筛选"组中的"降序"按钮，如图4-51所示。以同样的方法对"笔试"字段进行降序排序。

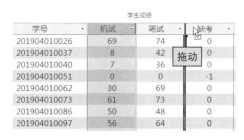

图4-50　　　　　　　　　　　　　图4-51

Step 07 ❶单击"开始"选项卡中的"合计"按钮，❷单击"笔试"字段的汇总单元格，单击下拉按钮，❸选择"平均值"选项，如图4-52所示。以同样的方法汇总"机试"字段的平均值。

图4-52

Step 08 ❶打开"学生名单"数据表，❷单击"开始"选项卡"记录"组的"其他"下拉按钮，❸选择"子数据表/子数据表"命令，如图4-53所示。

Step 09 ❶在打开的"插入子数据表"对话框的"表"选项卡中选择"学生成绩"选项，❷在"链接子字段"和"链接主字段"下拉列表框中选择"学号"和"学号"选项，❸单击"确定"按钮，如图4-54所示。

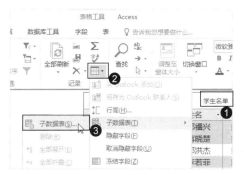

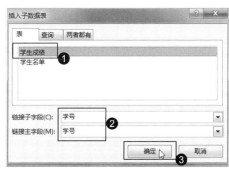

图4-53　　　　　　　　　　　　　图4-54

Step 10 在打开的提示对话框中单击"是"按钮，创建一个关系并完成子数据表的创建，如图4-55所示。

Step 11 返回到"学生名单"数据表中单击"+"按钮即可展开该记录，查看对应的子数据表，如图4-56所示。

图4-55

图4-56

第5章
利用查询
执行数据的查找与检索

查询是Access中最为重要的对象之一，是用户管理数据最为重要的手段之一，对于数据库的初学者来说尤为重要。本章将对查询的分类、创建、字段设置和计算等进行讲解。

使用查询设计器创建查询

创建参数查询
创建更新查询
创建追加查询
创建删除查询
……

查询字段的设置与操作

设置查询字段的属性
添加与删除查询字段
重命名查询字段
移动查询字段
……

▼ Excel和Access对比学：数据查询问题

1. 看看Excel中的直接查询操作怎么做

在Excel中，如果要在数据表中查找符合条件的数据，常用的方法有通过函数查询、数据筛选以及使用数据透视表进行查询。下面分别介绍这3种方法的具体操作。

◆ 通过函数查询

Excel中常用的查询函数有LOOKUP()、VLOOKUP()以及MATCH()等函数。如图5-1所示使用LOOKUP()函数根据给出的地址和姓名，查询销售业绩。

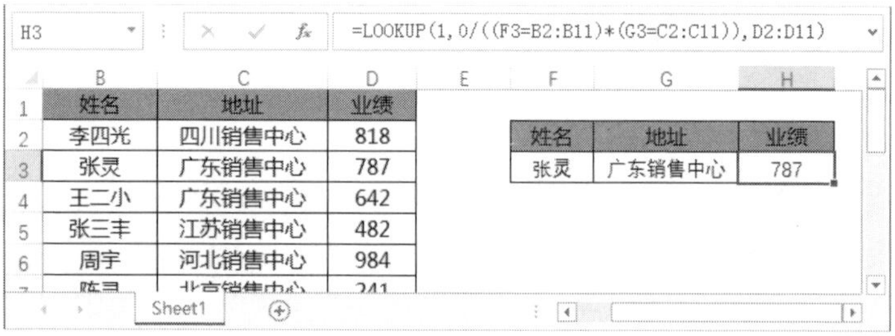

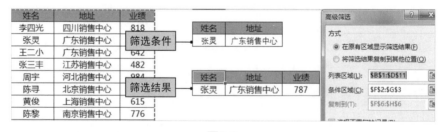

图5-1

◆ 数据筛选

在Excel中使用高级筛选的方式，可以快速筛选出符合条件的数据，如图5-2所示。

图5-2

◆ 使用数据透视表查询数据

在Excel中使用数据透视表中的切片器功能可以快速对满足多个条件的数据进行查询，具体如图5-3所示。

图5-3

2. Excel进行大数据查询时存在的问题

如果用户需要从几万行的数据表中查找某些数据，看似简单，使用相应的查询函数就可以解决，然后筛选非错误值，复制到新表格即可。但是在实际操作中却难以实现，可能导致Excel程序崩溃，状态栏中一直显示正在计算，用户此时只能强制关闭表格。在这一过程中主要存在以下两个问题。

◆ 数据量过大，导致查询数据耗费的时间过长，且可能导致程序崩溃。

◆ 即使最终完成了数据查询，对于查询出的大量数据也会导致无法进行保存，因此，用户在使用Excel进行数据查询时需要注意。

3. Access利用向导顺利完成大数据查询

Access有专业的查询功能，在Excel中无法解决的问题，在Access中可以很好解决。首先需要导入数据表（在第3章介绍过），然后创建一查询，设置查询条件并保存，在任务窗格中打开对应的查询，即可快速查询需要的内容，如图5-4所示。

图5-4

5.1 根据查询向导创建查询

要使用查询对数据表中的数据进行操作，首先需要创建一个查询。在Access 2016中创建查询的方法主要有两种，分别是使用查询向导创建查询和使用查询设计创建查询。

通过查询向导可以创建的查询主要有4种，分别是简单查询、交叉表查询、查找重复项和查找不匹配项。下面具体介绍如何用查询向导创建这几种查询。

5.1.1 "简单查询向导"功能应用

"简单查询向导"是最为常用、简单的查询创建方法，使用简单查询向导可以创建基于多张表或查询的简单查询。

下面以在"学生成绩管理"数据库中创建"成绩查询"查询为例，介绍简单查询向导的使用方法。

实例演示 **通过简单查询向导创建"成绩查询"查询**

素材文件	◎素材\Chapter 5\学生成绩管理.accdb
效果文件	◎效果\Chapter 5\学生成绩管理.accdb

Step 01 ❶打开"学生成绩管理"素材，❷单击"创建"选项卡"查询"组中的"查询向导"按钮如图5-5所示，❸在打开的"新建查询"对话框的列表框中选择"简单查询向导"选项，单击"确定"按钮，如图5-6所示。

图5-5   图5-6

Step 02 ❶在打开的对话框的"表/查询"下拉列表框中选择"表：学生信息表"选项，❷将"学号"和"姓名"字段添加到"选定字段"列表框中，如图5-7所示。

Step 03 ❶用同样的方法将"表：课程表"中的"课程名称"字段添加到"选定字段"列表框中；将"表：成绩表"中的"成绩"字段添加到"选定字段"列表

框中，❷单击"下一步"按钮，如图5-8所示。

图5-7 　　　　　　　　　　　　　　　　　图5-8

Step 04 在打开的对话框的"请为查询指定标题"文本框中输入"成绩查询"文本如图5-9所示，单击"完成"按钮，返回到Access导航栏即可查看到创建的查询，双击即可查看查询内容，如图5-10所示。

图5-9 　　　　　　　　　　　　　　　　　图5-10

5.1.2 "交叉表查询向导"功能应用

　　交叉表查询是一种对同一数据表或查询中的数据进行统计的重要手段，可以有效地对表或查询中的数据进行分析。

　　下面以在"员工药品销售统计"数据库中创建查询统计各种药品在4个季度的销售情况为例，介绍交叉表查询向导的使用方法。

实例演示 **创建交叉表查询统计4个季度药品的销售情况**

素材文件	◎素材\Chapter 5\员工药品销售统计.accdb
效果文件	◎效果\Chapter 5\员工药品销售统计.accdb

Step 01 ❶打开"员工药品销售统计"素材中的"药品销售记录"数据表，❷单

击"创建"选项卡"查询"组中的"查询向导"按钮如图5-11所示，❸在打开的"新建查询"对话框的列表框中选择"交叉表查询向导"选项，单击"确定"按钮，如图5-12所示。

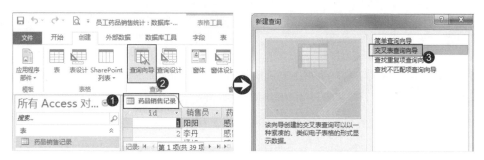

图5-11　　　　　　　　　　　　　　　图5-12

Step 02 ❶在打开的对话框中选择"表：药品销售记录"选项如图5-13所示，单击"下一步"按钮，❷将"药品名称"字段添加到"选定字段"列表框中，单击"下一步"按钮，如图5-14所示。

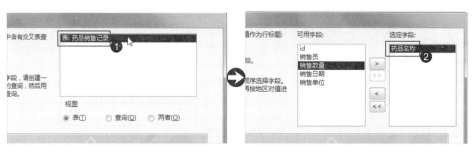

图5-13　　　　　　　　　　　　　　　图5-14

Step 03 ❶在打开的对话框的列表框中选择"销售日期"字段如图5-15所示，单击"下一步"按钮，❷在打开的对话框的"字段"列表框中选择"销售数量"选项，❸在"函数"列表框中选择"总数"选项，如图5-16所示，单击"下一步"按钮。

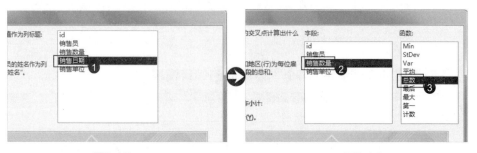

图5-15　　　　　　　　　　　　　　　图5-16

Step 04 在打开的对话框的"请为查询指定标题"文本框中输入"各季度药品销售统计"文本，单击"完成"按钮，返回到Access工作区即可查看到创建的查询，如图5-17所示。

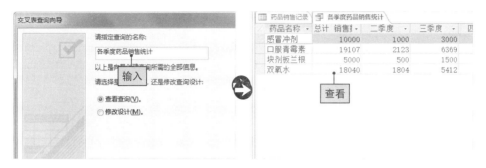

图5-17

5.1.3 "查找重复项查询向导"功能应用

当多个用户同时向Access数据库添加数据时，或者数据库未设计为检查重复项时，重复数据往往会堆积起来。重复数据可以是包含相同数据的多个表，也可以是两条只包含一些具有类似数据的字段（列）的记录。

例如在学生选课数据库中主键是自动编号，而不是学号和课程号组成的复合主键，就有可能出现同一个学生多次选择了该课程，这些就可以被认为是重复项。

下面以在"学生选课数据统计"数据库中创建查询查找重复选课信息为例，介绍通过向导创建查找重复项查询的方法。

实例演示 创建查找重复项查询查找重复选课信息

素材文件	◎素材\Chapter 5\学生选课数据统计.accdb
效果文件	◎效果\Chapter 5\学生选课数据统计.accdb

Step 01 ❶打开"学生选课数据统计"素材，❷单击"创建"选项卡"查询"组中的"查询向导"按钮，❸在打开的"新建查询"对话框的列表框中选择"查找重复项查询向导"选项，单击"确定"按钮，如图5-18所示。

图5-18

Step 02 ❶在打开的对话框中选择"表：选课记录"选项，单击"下一步"按钮，❷在打开的对话框中将"学号""课程号"字段添加到"重复值字段"列表框中，单击"下一步"按钮，完成要查询字段的设置，如图5-19所示。

图5-19

Step 03 ❶在打开的对话框中将"编号"和"成绩"字段添加到"另外的查询字段"列表框中，单击"下一步"按钮，❷设置查询名为"重复选课信息"，返回到工作表中即可查看到查询结果，❸在重复的查询记录上右击，选择"删除记录"命令完成操作，如图5-20所示。

图5-20

TIPS *显示查询项*

　　用户创建查询后，如果在导航窗格中没有发现创建的查询，可以在导航窗格的空白位置右击，在弹出的快捷菜单中选择"显示所有组"命令即可。

5.1.4　"查找不匹配项查询向导"功能应用

查找不匹配项主要是指对两张表中某些字段进行匹配，最终查找出不匹配的记录。如需判断两张表中是否存在不匹配项，可以通过不匹配查询根据指定字段查找两张表的不匹配项。

下面以在"企业员工工资管理"数据库中创建查询查找"员工信息"表中的员工记录，但在"工资结算"表中没有相应工资记录的员工数据为例，介绍查找不匹配项查询向导的使用方法。

实例演示 创建查找不匹配项查询查找不匹配项

素材文件	◎素材\Chapter 5\企业员工工资管理.accdb
效果文件	◎效果\Chapter 5\企业员工工资管理.accdb

`Step 01` ❶打开"企业员工工资管理"素材，❷单击"创建"选项卡"查询"组中的"查询向导"按钮，❸在打开的"新建查询"对话框的列表框中选择"查找不匹配项查询向导"选项，单击"确定"按钮，如图5-21所示。

图5-21

`Step 02` ❶在打开的对话框中选择"表：员工信息"选项，单击"下一步"按钮，❷在打开的对话框中选择"表：工资结算"选项，单击"下一步"按钮，如图5-22所示。

图5-22

Step 03 在打开的对话框中的左右两个列表框中选择一个匹配字段，❶左侧选择"编号"字段，❷右侧选择"编号"字段，❸单击 ⟨=⟩ 按钮添加匹配字段，单击"下一步"按钮，❹在打开的对话框的"选定字段"列表框中添加需要在查询中显示的字段，单击"下一步"按钮，如图5-23所示。

图5-23

Step 04 在"请指定查询名称"文本框中输入"没有工资记录的员工"文本，单击"完成"按钮，返回到工作区即可查看到创建的查询，如图5-24所示。

图5-24

TIPS 查找不匹配项涉及的两张表的选择顺序

　　查找不匹配项的查询结果与两张表的先后顺序有很大关系，查找不匹配项是指查找指定字段在第一张表中出现而在第二张表中没有的纪录；而在第二张表中出现，在第一张表中没有的纪录，则不予考虑。

5.2 使用查询设计器创建查询

　　使用查询向导创建数据表虽然十分方便、快捷，但是其能够创建的查询种类较少，而且能够设置的参数较少，灵活性较差。如果要创建更加多样化、灵活的查询，可以在查询设计中进行操作。这里主要介绍使用查询设计器创建参数、更新、追加、删除以及生成表查询。

5.2.1 创建参数查询

在查询设计中可以创建多种查询，并且可以在一些查询中实现参数查询。其实现方法是：在查询设计器中某个字段的"条件"行中输入中括号"〔〕"，并在中括号中输入提示语即可。下面以在"员工档案管理"数据库中按性别查询员工档案信息为例，讲解参数查询的操作。

实例演示 创建参数查询选择性别为"男"的记录

素材文件	◎素材\Chapter 5\员工档案管理.accdb
效果文件	◎效果\Chapter 5\员工档案管理.accdb

Step 01 ❶打开"员工档案管理"素材，❷单击"创建"选项卡"查询"组中的"查询设计"按钮，❸在打开的"显示表"对话框的列表框中选择"员工档案"选项，❹单击"添加"按钮，❺单击"关闭"按钮，如图5-25所示。

图5-25

Step 02 ❶选择所有需要的字段，❷将其拖动到下方的设计器中，❸在"性别"字段的"条件"行中输入"[请输入查询的员工性别:]"文本，如图5-26所示。

图5-26

Step 03 ❶按【Ctrl+S】组合键，在打开的对话框中输入查询名称，并保存，

❷单击"查询工具 设计"选项卡"结果"组中的"运行"按钮，❸在打开的对话框中输入查询的参数"男"，❹单击"确定"按钮，如图5-27所示。

图5-27

Step 04 返回到工作区即可查看到创建的查询，所有性别为"男"的记录都被查询了出来，如图5-28所示。

图5-28

TIPS 提示信息注意事项

提示信息不能与表中字段名完全相同，否则不能设置成功，且提示信息要使用半角的中括号括起来。

5.2.2 创建更新查询

更新查询与常用的查找与替换功能比较相似，可以一次性将数据表中的某个字段替换成另一个字段。

下面以在"商品进货统计"数据库中将仓库"数码B3"更新为"数码百盛3号仓"为例，讲解更新查询的操作。

实例演示 创建更新查询更新"进货统计"表中的仓库信息

素材文件	◎素材\Chapter 5\商品进货统计.accdb
效果文件	◎效果\Chapter 5\商品进货统计.accdb

Step 01 ❶打开"商品进货统计"素材，❷单击"创建"选项卡"查询"组中的"查询设计"按钮，❸在打开的"显示表"对话框的列表框中选择"进货统计"选项，❹单击"添加"按钮，❺单击"关闭"按钮，如图5-29所示。

图5-29

Step 02 ❶单击"查询工具 设计"选项卡"查询类型"组中的"更新"按钮，❷在"字段"下拉列表框中选择"仓库"选项，❸在"更新到"行输入更新后的数据"数码百盛3号仓"，在"条件"行输入更新前的数据"数码B3"，如图5-30所示。

图5-30

Step 03 将查询保存为"仓库名更改"，❶单击"查询工具 设计"中的"运行"按钮，❷在打开的对话框中单击"是"按钮，❸返回到工作区即可在"进货统计"数据表中查看到更改后的效果，如图5-31所示。

图5-31

5.2.3 创建追加查询

追加查询可以将一张数据表中的数据追加到另一张数据表中，从而将各部分的数据进行整合，存入一张表中。

下面以将各季度药品销售数据追加到年度销售记录表中为例，讲解追加查询的操作。

实例演示 使用追加查询汇总4个季度的药品销售数据

素材文件	◎素材\Chapter 5\药品销售情况\
效果文件	◎效果\Chapter 5\药品销售情况\

Step 01 ❶打开"各季度药品销售情况"素材，❷单击"创建"选项卡"查询"组的"查询设计"按钮，❸在打开的"显示表"对话框的列表框中选择"1季度药品销售情况"选项，❹单击"添加"按钮，❺单击"关闭"按钮，如图5-32所示。

图5-32

Step 02 ❶单击"查询工具 设计"选项卡中的"追加"按钮，❷在打开的对话框中选中"另一数据库"单选按钮，❸单击"浏览"按钮，❹在打开的对话框中选择"年度药品年度销售情况.accdb"数据库，单击"确定"按钮，如图5-33所示。

图5-33

Step 03 ❶在"表名称"下拉列表框中选择"药品销售记录"选项，单击"确定"按钮，❷选择"1季度药品销售情况"表中的所有字段，❸将其拖动到下方的设计器中，如图5-34所示。

图5-34

Step 04 将查询保存为"追加1季度销售数据"，关闭追加查询，❶双击导航窗格中的"追加1季度销售数据"查询，❷在打开的对话框中单击"是"按钮，❸同样在打开的对话框中单击"是"按钮，❹以同样的方法，将其他3个季度的数据添加到年度汇总表中即可，如图5-35所示。

图5-35

5.2.4 创建删除查询

删除查询可以将数据表中符合删除条件的数据挑选出来，当用户运行该查询时，会将这些数据从原数据表中进行删除。

下面以将"员工信息管理"数据库"员工基本资料"数据表中"员工状态"字段值为"离职"的记录删除为例，讲解创建和使用删除查询的具体操作。

实例演示 创建删除离职员工信息的查询

素材文件	◎素材\Chapter 5\员工信息管理.accdb
效果文件	◎效果\Chapter 5\员工信息管理.accdb

Step 01 ❶打开"员工信息管理"素材，❷单击"创建"选项卡"查询"组的"查询设计"按钮，❸在打开的"显示表"对话框的列表框中选择"员工基本资料"选项，❹单击"添加"按钮，❺单击"关闭"按钮，如图5-36所示。

图5-36

Step 02 ❶单击"查询工具 设计"选项卡中的"删除"按钮，❷在"字段"下拉列表框中选择"员工状态"选项，根据员工状态设置删除条件，❸在"条件"行中输入删除条件，这里输入"3"，如图5-37所示。

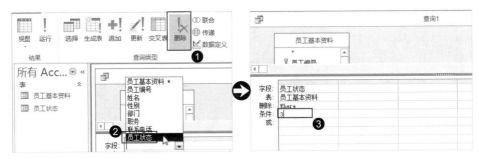

图5-37

TIPS *Step 02中输入"3"的原因*

　　如果将条件设置为"离职"，则在执行删除查询时，会提示"数据类型不匹配"。在员工基本资料表的设计视图可以看到，"员工状态"的数据类型为"数字"，如图5-38所示。"员工状态"字段是使用查阅向导创建的，这里输入的数字指的是其主键的值。

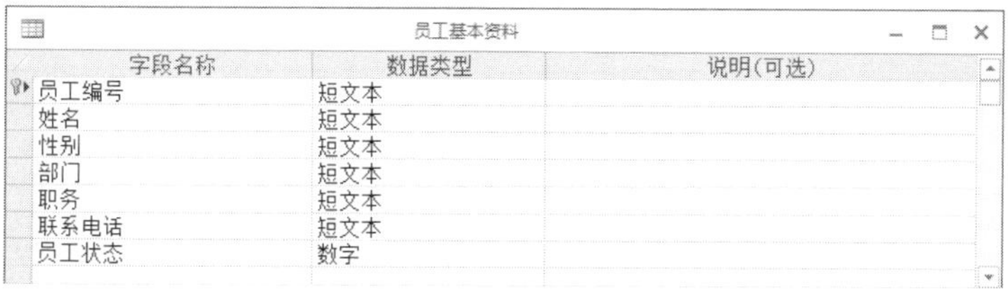

图5-38

Step 03 将查询保存为"删除离职员工",关闭删除查询,❶双击导航窗格中的"删除离职员工"查询,❷在打开的对话框中单击"是"按钮,❸通过删除查询删除数据后,原数据表中的离职员工信息就被删除掉了,如图5-39所示。

图5-39

5.2.5 创建生成表查询

前面介绍了通过查询对数据进行选择、删除、追加以及更新等操作,这些操作的查询结果是不能被保存的,如果要保存查询结果,此时需要通过创建生成表查询完成。下面以创建生成表查询,将"投递记录"表的部分编号转换为对应的名称为例,讲解创建生成表查询的操作。

本案例说明:由于"投递记录"表中大部分数据都是用编号代替的,不方便查看具体信息,这时可以通过生成表将编号转换为对应的数据。其解决思路是:首先需要生成一个替换名称后的表,然后删除原表,最后将生成的表重命名为原表名,再设置主键。

实例演示 **创建生成表查询替换"投递记录"表中的编号数据**

素材文件	◎素材\Chapter 5\期刊订阅管理.accdb
效果文件	◎效果\Chapter 5\期刊订阅管理.accdb

Step 01 ❶打开"期刊订阅管理"素材，❷单击"创建"选项卡"查询"组的"查询设计"按钮，❸在打开的"显示表"对话框的列表框中选择需要的表，❹单击"添加"按钮，❺单击"关闭"按钮，如图5-40所示。

图5-40

Step 02 ❶选择"投递记录"表中所有字段，❷将其添加到下方的设计器中，❸在"表"行选择编号和名称对应表，在"字段"行选择编号对应的名称，如图5-41所示。

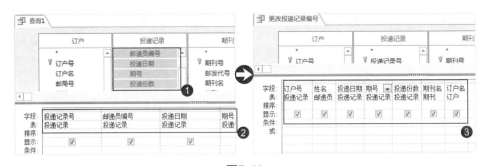

图5-41

Step 03 ❶单击"查询工具 设计"选项卡中的"生成表"按钮，❷在打开的对话框中设置表名称为"投递记录1"，❸将查询保存为"更改投递记录编号"并关闭查询，双击导航窗格中新建的查询，❹在打开的对话框中单击"是"按钮，❺再在打开的对话框中单击"是"按钮，如图5-42所示。

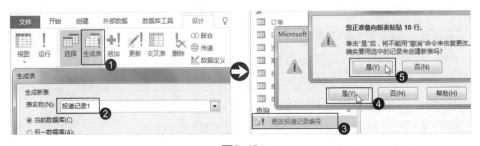

图5-42

Step 04 ❶将"投递记录"数据表删除掉，在"投递记录1"数据表上右击，❷选择"重命名"命令，将其重命名为"投递记录"，❸在"投递记录"数据表上右击，选择"设计视图"命令，如图5-43所示。

图5-43

Step 05 ❶在设计视图中选择"订户号"字段，❷单击"表格工具 设计"选项卡"工具"组中的"主键"按钮，❸将"投递记录"数据表切换到数据表视图，在表中可以查看到最终效果，如图5-44所示。

图5-44

5.3　查询字段的设置与操作

用户创建查询后，还可以对查询进行编辑。编辑查询主要是编辑查询中的字段，具体包括设置字段属性、添加与删除查询字段、重命名字段和移动查询字段。

5.3.1　设置查询字段的属性

在数据表视图中无法设置查询字段属性，通常情况下需要在设计视图或SQL视图中进行设置。

在设计视图中选择查询中需要设置属性的字段，右击，选择"属性"命令，在打开的"属性表"窗格中即可设置字段属性，如图5-45所示。

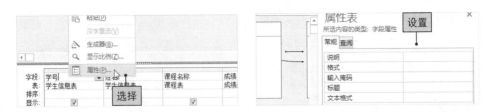

图5-45

5.3.2　添加与删除查询字段

在设计视图中添加字段的方法比较简单，只需要将添加的数据表中的字段拖动到设计视图下方的设计器中即可，前面有过具体介绍。

删除字段也十分简单，直接在设计视图下方的设计器中删除相应的字段名称即可，或是取消选中"显示"行中的复选框，即可隐藏该字段，与删除字段效果基本相同，如图5-46所示。

图5-46

5.3.3　重命名查询字段

在Access中设置查询字段时，允许对查询中的字段进行重命名操作，使得查询中的字段名与引用的数据表中的字段名不同。

在设计视图中选择需要重命名的字段，按【F4】键打开属性表，在"标题"文本框输入字段新名称即可，如图5-47所示。

图5-47

5.3.4　移动查询字段

在Access移动查询字段的方法与移动普通字段的方法相同，即选择字段后，将其拖动到需要的位置即可，如图5-48所示。

图5-48

5.4　在查询中进行计算

在查询中能够进行的计算主要包含两种，分别是对查询字段进行汇总计算和为查询记录添加计算字段。汇总计算可以直接使用，具体的汇总计算有对字段进行计数、求最大值、求最小值等；添加计算字段进行计算，则是通过表达式对一个或多个字段进行计算。

5.4.1　对查询字段进行汇总计算

在设计视图中对字段进行汇总计算，与在数据表中对字段进行汇总的操作基本相同。

下面以在"员工人数统计"数据库中创建查询统计各部门人数为例，介绍字段的汇总计算。

实例演示 创建查询汇总"员工档案"表各部门的人数

素材文件	◎素材\Chapter 5\员工人数统计.accdb
效果文件	◎效果\Chapter 5\员工人数统计.accdb

Step 01 打开"员工人数统计"素材，❶单击"创建"选项卡"查询"组的"查询设计"按钮，在打开的"显示表"对话框的列表框中选择需要的表进行添加，❷添加"部门"和另外任一字段到下方的设计器中，❸单击"查询工具 设计"选项

卡"显示/隐藏"组中的"汇总"按钮，如图5-49所示。

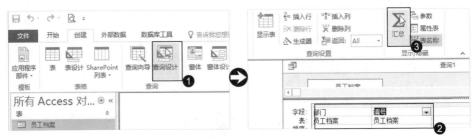

图5-49

Step 02 ❶单击"编号"字段"总计"行的下拉按钮，选择"计数"选项，❷按【F4】键打开"属性表"窗格，在"标题"文本框中输入"部门人数统计"文本，❸保存查询为"各部门人数统计"并关闭查询，双击导航窗格中的查询，❹即可查看到各部门的统计数据，如图5-50所示。

图5-50

5.4.2 为查询记录添加计算字段

通过为查询记录添加计算字段，可以对查询中的字段进行多种操作，包括使用各种运算符、函数以及常数等进行计算。

下面以在"客户信息整理"数据库中对"客户信息"表中的"姓氏"和"名字"字段整合为"客户名"字段为例，介绍计算字段的使用。

实例
演示 **整合"客户信息"表中客户的姓名**

素材文件	◎素材\Chapter 5\客户信息整理.accdb
效果文件	◎效果\Chapter 5\客户信息整理.accdb

Step 01 ❶打开"客户信息整理"素材，❷单击"创建"选项卡"查询"组的"查询设计"按钮，在打开的"显示表"对话框的列表框中选择需要的表进行添加，❸

添加表中所有的字段到下方的设计器中，❹删除"姓氏"和"名字"字段，❺单击
"查询工具 设计"选项卡中的"生成器"按钮，如图5-51所示。

图5-51

Step 02 ❶在打开的"表达式生成器"对话框中输入表达式定义查询字段（其中
冒号为半角符号），单击"确定"按钮，完成后按【Ctrl+S】组合键将查询保存
为"客户名整合数据"并关闭查询，❷双击任务窗格中新建的查询，❸即可查看
到整合姓氏和名字后的效果，如图5-52所示。

图5-52

实战演练

创建生成表查询计算员工销售额数据

本章主要介绍了在Access中如何创建和使用查询，分别介绍了根据查
询向导创建查询、使用查询设计器创建查询以及查询字段的相关操作等。
下面通过创建生成表查询，生成数据表并计算员工的销售额数据为例，对
本章知识进行回顾。

素材文件	◎素材\Chapter 5\员工销售记录.accdb
效果文件	◎效果\Chapter 5\员工销售记录.accdb

Step 01 ❶打开"员工销售记录"素材，❷单击"创建"选项卡"查询"组的"查
询设计"按钮，在打开的"显示表"对话框的列表框中选择需要的表进行添加，❸

将"ID"和"销售员"字段添加到下方设计器中，❹单击"查询工具 设计"选项卡"查询类型"组中的"生成表"按钮，如图5-53所示。

图5-53

Step 02 ❶在打开的"生成表"对话框的"表名称"文本框中输入"各员工销售额统计表"，单击"确定"按钮，❷将文本插入点定位到"销售员"字段右侧的单元格中，❸单击"查询工具 设计"组中的"生成器"按钮，❹在打开的对话框中输入"年份:Year([日期])"，单击"确定"按钮，如图5-54所示。

图5-54

Step 03 ❶用同样的方法，分别在右侧的单元格中通过生成器输入表达式"月份: Month([日期])"和"销售额: [单价]*[销量]"，❷将文本插入点定位到"销售额"字段单元格中，❸按【F4】键，单击"格式"属性右侧的下拉按钮，选择"货币"选项，如图5-55所示。

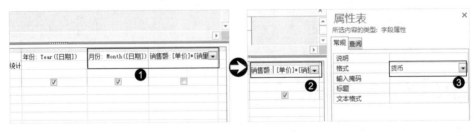

图5-55

Step 04 关闭打开的窗格，将查询保存为"销售额计算"并关闭当前查询，❶双击任务窗格中新建的查询，❷在打开的对话框中依次单击"是"按钮生成表，❸右击生成的"各员工销售额统计表"表，❹选择"设计视图"选项，如图5-56所示。

图5-56

Step 05 ❶选择"ID"字段，❷单击"表格工具 设计"选项卡中的"主键"按钮，❸切换到数据表视图，即可查看到生成表中的效果，如图5-57所示。

图5-57

TIPS *Year()和Month()函数*

　　Year()函数用于返回一个日期的年份数据，其语法为：Year(date)，所需日期参数为日期、数值表达式、字符串表达式或可表示日期的任意组合。如果date包含Null，则返回Null。

　　Month()函数返回一个Variant（或Integer）值，指定介于1和12之间（包括1和12）的整数，表示一年中的某一月份。其语法结构与Year()函数相同，具体为：Month(date)。

第6章
Access中
SQL查询的应用

查询是数据库中管理数据的重要手段，通过SQL查询可以方便用户在不方便访问数据表的情况下对数据库中的数据进行追加、删除以及更新等。

认识SQL语言

Access中哪些地方可以使用SQL语言
SQL语言可实现的功能

使用SQL语句创建选择查询

使用SQL语句选择数据
为SQL语句添加筛选功能
为SQL语句添加分组功能
为SQL语句添加排序功能
......

使用SQL语句创建操作查询

使用INSERT INTO语句创建追加查询
使用UPDATE语句创建更新查询
使用DELETE语句创建删除查询
......

▼ Excel和Access对比学：数据抽取问题

1. Excel通过编写VBA代码完成多表数据的抽取

有Excel中的表是独立存在的，如果要将多表中的某些数据抽取出来，然后将其单独存放在另一张表中或者在可视化的窗体中显示，此时只能通过编写VBA代码来完成。例如要在窗体中根据员工编号查询员工的具体信息，并在窗体中显示出来，如图6-1所示。

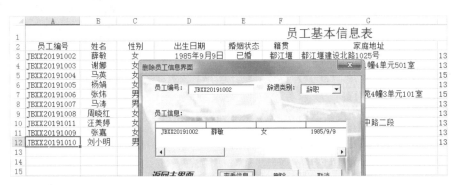

图6-1

要实现该功能，只能通过编写VBA代码实现，如图6-2所示。

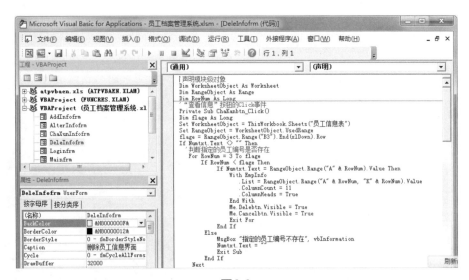

图6-2

2. Access利用SQL查询轻松随意抽取

由于Access是基于关系处理数据的小型桌面数据库，而且其中有一个核心查询利器——SQL查询，因此可以通过创建查询，利用SQL语句实现多种形式的数据查询，然后再以查询为数据源创建窗体，即可查询数据到窗体中进行展示，操作十分简单。

例如要查询员工编号为"JBXX2019002"的员工所有数据，只需要先创建一个空白查询，切换到SQL视图，输入对应的查询语句并保存，在导航窗格中双击创建的查询，即可获取该数据，如图6-3所示。

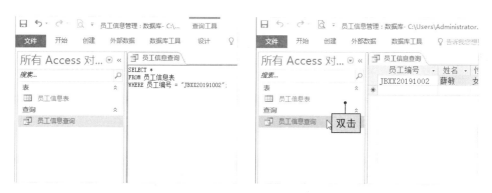

图6-3

如果想让查询出的数据在窗体中显示，则可以以查询作为数据源创建窗体即可，如图6-4所示，创建窗体的操作将在下一章中进行讲解，这里就不做过多讲解。

图6-4

6.1 认识SQL语言

SQL语言也称结构化查询语言（Structured Query Language），它是一种数据库查询和程序设计语言，用于存取数据以及查询、更新和管理关系数据库系统。

SQL语句可以在大多数的关系数据库中使用，如Oracle、Microsoft SQL Server、Access以及Ingres等。不同数据库中可能存在不同的功能命令，但是标准的SQL命令却是通用的，例如"Select""Insert""Update"以及"Delete"等，通过这些命令能够完成绝大多数操作。

6.1.1 Access中哪些地方可以使用SQL语言

SQL语言对Access初学者来说可能比较抽象、难以理解。下面首先来了解在Access中的哪些位置会使用到SQL语言。

◆ 在查询的SQL视图中使用

在第二章中介绍Access的视图模式时提到SQL视图，主要是对查询使用，SQL视图就是Access中使用SQL语句的主要场所之一。

在Access中，虽然可以在设计视图中对查询进行设置，但其实所有的查询都是通过SQL语句实现的。用户只需要将任意查询切换到SQL视图，即可查看到使用的具体的SQL语句，如图6-5所示。

图6-5

◆ 在VBA代码中使用SQL语句

SQL语句不仅可以单独使用，进行数据查询，还可以在大部分的编程语言中直接使用，例如在Access的VBA编辑器中，就可以直接使用SQL语句操作数据库，如图6-6所示。

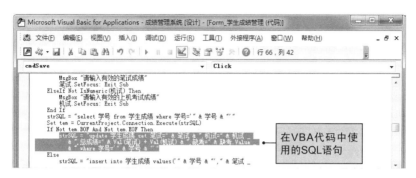

图6-6

TIPS │ *SQL语言的特点*

SQL语言的特点：❶风格统一，❷高度非过程化，❸面向集合的操作方式，❹以同一种语法结构提供两种使用方式，❺语言简洁，易学易用。

6.1.2 SQL语言可实现的功能

SQL语言可以方便用户对数据库进行定义、增、删、改、查等操作。通过SQL语言可以丰富数据库操作，且这些语句简单，方便使用。从SQL可实现的功能角度来看，SQL可以分为数据定义语言、数据操作语言和数据控制语言。

◆ **数据定义语言**（DDL：Data Definition Language）：主要用于定义SQL模式、基本表、视图和索引的创建及撤销等操作。常用的DDL命令如表6-1所示。

表 6-1

命令	作用	命令	作用
CREAT TABLE	创建表	ALTER TABLE	更改表
DROP TABLE	删除表	CREAT INDEX	创建索引

◆ **数据操作语言**（DML：Data Manipulation Language）：数据操纵分成数据查询和数据更新两类。数据更新又分成插入、删除和修改3种操作。常用的DML命令如表6-2所示。

表 6-2

命令	作用	命令	作用
SLECT	检索数据	UPDATE	修改数据
INSERT	插入数据	DELETE	删除数据

◆ **数据库控制语言**（DCL：Data Control Language）：包括对基本表和视图的授权、完整性规则的描述、事务控制等内容。常用的DCL命令如表6-3所示。

表 6-3

命令	作用	命令	作用
ALTER PASSWORD	修改密码	GRANT	授予权限
REVOKE	收回权限	CREATE SYNONYM	创建同义词

6.2　使用SQL语句创建基本查询

选择查询是查询中最重要、使用最为频繁的查询，实现选择查询的SQL语句为SELECT语句及其子语句，其完整的语法结构为：

SELECT [ALL|DISTINCT]

{<表达式> [[AS] <字段名>][,<表达式> [[AS] <字段名>]…]}

[INTO <目标表名>]

FROM <源表名或者视图名> AS [表别名][, <源表名或者视图名> AS [表别名],…]

[WHERE <逻辑表达式>]

[GROUP BY <分组字段名>[,<分组字段名>,…]]

[HAVING <逻辑表达式>]

[ORDER BY <排序字段名> [ASC|SESC][, <排序字段名> [ASC|SESC],…]]

在SELECT语句的7个子句中，只有SELECT子句和FROM子句是必须的，其余子句（INTO子句、WHERE子句、GROUP BY子句、HAVING子句、ORDER BY子句）可以根据需要进行添加。

6.2.1　使用SQL语句选择数据

在所有的查询中，最为简单的查询就是从基本表中选择部分字段的查询。当一张表中的数据较多，查看起来则不太方便，此时可以将数据表中需要使用或查看的字段添加到查询中，然后直接使用查询中的数据即可。实现该功能需要使用SELECT语句中的SELECT子句和FROM子句即可。

下面通过SELECT语句创建选择"员工基本信息"表中的编号、姓名、所属部门和联系方式的查询为例，讲解选择查询的基本用法。

实例演示 使用SQL语句创建查询选择需要的字段

素材文件	◎素材\Chapter 6\员工基本信息.accdb
效果文件	◎效果\Chapter 6\员工基本信息.accdb

Step 01 ❶打开"员工基本信息"素材，❷单击"创建"选项卡"查询"组的"查询设计"按钮，直接将打开的对话框关闭，❸在新建的查询标签上右击，选择"SQL视图"选项，如图6-7所示。

图6-7

Step 02 ❶在新建的空白查询中输入"SELECT 编号,姓名,所属部门,联系方式"和"FROM 员工基本信息"语句（这里的SELECT语句是一条句子，但是本书为了方便读者学习和理解，故将这条句子按子句分析显示了，即不分行的运行效果是一样的），❷按【Ctrl+S】组合键保存，在打开的"另存为"对话框中输入"员工通讯录"文本，❸单击"确定"按钮，关闭查询，❹在导航窗格中双击新建的查询，即可查看到选择的字段，如图6-8所示。

图6-8

6.2.2 为SQL语句添加筛选功能

如果想要为选择的数据添加筛选功能，需要使用SELECT语句的WHERE子语句，并在该子语句中输入选择的记录和其满足的条件的表达式。

下面以使用SQL语句创建选择出"药品销售记录"表中销售员"赵敏"的销售记录为例，讲解为SQL语句添加筛选功能的方法。

实例演示 使用SQL语句创建查询筛选符合条件的记录

素材文件	◎素材\Chapter 6\药品销量统计.accdb
效果文件	◎效果\Chapter 6\药品销量统计.accdb

Step 01 打开"药品销量统计"素材，❶创建空白查询并切换到SQL视图，在空白查询中输入"SELECT *""FROM 药品销售记录"和"WHERE 销售员="赵敏""，❷按【Ctrl+S】组合键保存查询，设置查询名称为"赵敏的销售记录"，如图6-9所示。

Step 02 关闭创建的查询，❶双击导航窗格中的"赵敏的销售记录"查询，❷即可查看到筛选出的销售记录，如图6-10所示。

图6-9

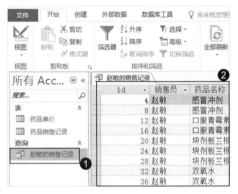

图6-10

6.2.3 为SQL语句添加分组功能

对查询结果进行分组需要使用GROUP BY子语句。所谓分组是指将分组字段中的相同值视为一个组（被当作一个记录），并且可以对这个数据组中的数据进行计算操作等。

下面以从"员工基本信息"表中通过GROUP BY子语句获取员工的籍贯为例，讲解GROUP BY子语句对查询记录进行分组的方法。

实例演示 **对查询记录进行分组**

素材文件	◎素材\Chapter 6\员工数据.accdb
效果文件	◎效果\Chapter 6\员工数据.accdb

Step 01 打开"员工数据"素材，❶创建空白查询并切换到SQL视图，在空白查询中输入"SELECT 籍贯""FROM 员工基本信息"和"GROUP BY 籍贯;"语句，❷按【Ctrl+S】组合键保存查询，设置查询名称为"籍贯查询"，如图6-11所示。

Step 02 关闭创建的查询，❶双击导航窗格中的"籍贯查询"查询，❷即可查看到筛选出的籍贯记录，如图6-12所示。

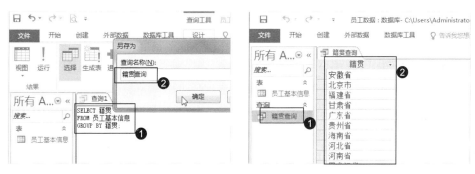

图6-11　　　　　　　　　　　　　图6-12

TIPS 输入SQL语句的注意事项

在输入SQL语句时，需要注意SQL语句的关键词是不区分字母大小写的；SQL语句中所有的符号、关键词都是在英文半角状态下输入，用户可以自定义的部分除外（如表名、字段名等）。

6.2.4 为SQL语句添加排序功能

在设计查询时，为了方便对查询数据的查看，通常都会对查询的数据进行排序，在SQL语句中通过ORDER BY子语句实现排序。

在ORDER BY子语句后紧跟着的是排序字段和排序方式，排序方式有升序（ASC）和降序（DESC）两种排列，默认的排序方式为升序排列。

下面以从"员工基本信息"表中创建"通讯录"查询，并对部门字段进行降序排列为例，讲解ORDER BY子与句对查询记录进行排序的方法。

实例演示 对查询记录进行排序

素材文件	◎素材\Chapter 6\员工管理表.accdb
效果文件	◎效果\Chapter 6\员工管理表.accdb

Step 01 打开"员工管理表"素材，❶创建空白查询并切换到SQL视图，在空白查询中输入"SELECT 姓名,所属部门,联系方式" "FROM 员工基本信息"和"ORDER BY 所属部门 DESC;"语句，❷按【Ctrl+S】组合键保存查询，设置查询名称为"通讯录"，如图6-13所示。

Step 02 关闭创建的查询，❶双击导航窗格中的"通讯录"查询，❷即可查看到记录按"所属部门"字段进行降序排序，如图6-14所示。

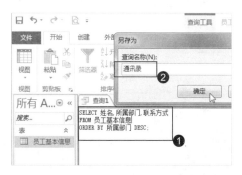

图6-13

图6-14

6.2.5 将查询结果保存为基本表

使用SELECT语句，除了可以创建选择查询之外，还可以创建生成表查询，只需要在使用SELECT语句选择字段之后，使用INTO子语句设置生成表的名称即可。

下面以通过SQL语句备份"员工基本信息"数据表为例，讲解使用

SQL语句将查询的结果保存为基本表的方法，其具体操作如下。

实例演示 创建生成表查询备份"员工基本信息"表

素材文件	◎素材\Chapter 6\备份员工数据.accdb
效果文件	◎效果\Chapter 6\备份员工数据.accdb

Step 01 打开"备份员工数据"素材，❶创建空白查询并切换到SQL视图，在空白查询中输入"SELECT *""INTO 员工基本信息备份"和"FROM 员工基本信息;"，❷按【Ctrl+S】组合键保存查询，设置查询名称为"备份员工数据"，如图6-15所示。

Step 02 关闭创建的查询，❶双击导航窗格中的"备份员工数据"查询，❷在打开的对话框中单击"是"按钮，即可备份"员工基本信息"数据表，如图6-16所示。

图6-15　　　　　　　　　　　图6-16

6.3 使用SQL语句创建操作查询

在6.2.5小节中介绍了使用SQL语句创建生成表查询，除了这种操作查询以外，还有追加查询、更新查询和删除查询这3种操作查询。下面将分别介绍这3种查询如何使用SQL语句来创建。

6.3.1 使用INSERT INTO语句创建追加查询

在数据库中，向数据表中添加新纪录是非常常见的操作。尤其是在集成的数据库管理系统中，几乎所有的数据表都不是直接可见的，很难直接在数据表中添加数据。通常需要使用窗体输入数据，如果是在非绑定窗体（窗体中的数据与数据表无直接关系）中输入数据，就可以在窗体中输入数据，再使用INSERT INTO语句进行数据插入。其语法结构为：

INSERT INTO <表名>[(字段列表)] VALUES (值列表)

使用该语句向表中插入记录有两种不同的方式，一种是按照表中字段的顺序插入所有的字段值，这时候可以省略字段列表名的输入；另一种是按照字段名称输入，在表名之后输入字段列表名，然后在值列表中输入这些字段对应的值，这种方法插入的记录不容易出错。

下面以从"联系人"表中追加"陈黎，135****9563，082-****98，126****897"记录为例，讲解使用SQL语句创建追加查询的基本方法。

实例演示 追加陈黎的部分信息到"联系人"表

素材文件	◎素材\Chapter 6\联系人.accdb
效果文件	◎效果\Chapter 6\联系人.accdb

Step 01 打开"联系人"素材，❶创建空白查询并切换到SQL视图，在空白查询中输入"INSERT INTO 联系人(姓名,手机,座机,QQ)"和"VALUES ("陈黎","135****9563","082-****98","126****897");"语句，❷按【Ctrl+S】组合键保存查询，设置查询名称为"插入联系人"，如图6-17所示。

Step 02 关闭创建的查询，❶双击导航窗格中的"插入联系人"查询，❷在打开的对话框中单击"是"按钮，即可追加数据，如图6-18所示。

图6-17

图6-18

在上例中，如果要添加一整条记录，则可以忽略字段列表，但值列表要包含所有字段，如图6-19所示。

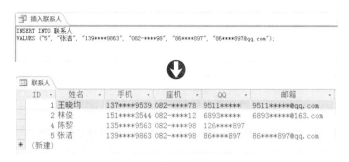

图6-19

6.3.2　使用UPDATE语句创建更新查询

更新基本表中的记录是一种十分频繁的操作，比如，在新的一年开始，所有普通员工的基本工资由3000元上涨到3500元等。使用SQL语句更新基本表中的数据，需要使用UPDATE语句来实现，该语句的语法格式如下所示：

UPDATE <表名> SET <字段名> = 新值

[WHERE　<逻辑表达式>]

其含义是"将满足指定条件的记录的某个字段的值设置为指定的值"，其中WHERE子语句可以省略，其后的逻辑表达式中一般是字段值为多少、在某个范围之内或记录其他字段满足某些条件等。

下面以在"商品信息"表中对于利润小于供应价30%的商品涨价10%为例，讲解对满足条件的记录进行更新的方法。

实例演示 对满足条件的商品价格进行更新

素材文件	◎素材\Chapter 6\商品信息.accdb
效果文件	◎效果\Chapter 6\商品信息.accdb

Step 01 打开"商品信息"素材，❶创建空白查询并切换到SQL视图，在空白查询中输入"UPDATE 商品信息" "SET 零售价 = 零售价*1.1"和"WHERE 零售价-供应价<供应价*0.3;"语句，❷按【Ctrl+S】组合键保存查询，设置查询名称为"零售价更新"，如图6-20所示。

Step 02 关闭创建的查询，双击导航窗格中的"零售价更新"查询，在打开的对话框中单击"是"按钮，即可更新数据，打开"商品信息"数据表，即可查看更新后的数据，如图6-21所示。

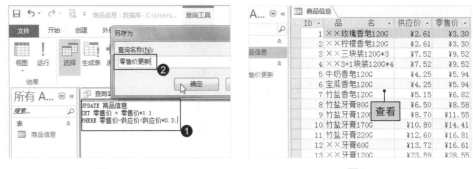

| 图6-20 | 图6-21 |

需要注意的是，每执行一次更新查询，就会对零售价字段进行一次修改。因此要控制查询次数，避免查询结果与实际需要的数据有差异。

6.3.3　使用DELETE语句创建删除查询

当数据表中出现错误或过时的记录时，就需要将其从数据表中删除。删除基本表中的数据，可以使用DELETE语句来实现，该语句的语法格式如下所示：

DELETE FROM <表名>

[WHERE <逻辑表达式>]

语句的含义是"从指定的表中删除满足条件的记录"，其中，WHERE语句可以省略，省略该语句后DELETE语句将删除表中的所有数据。

下面以在"期刊订阅管理"数据库的"订单"表中删除过期的订单为例，讲解删除过期订阅记录的方法。

实例演示　删除数据表中过期的订阅记录

| 素材文件 | ◎素材\Chapter 6\期刊订阅管理.accdb |
| 效果文件 | ◎效果\Chapter 6\期刊订阅管理.accdb |

Step 01 打开"期刊订阅管理"素材，❶创建空白查询并切换到SQL视图，在空白查询中输入"DELETE *""FROM 订单"和"WHERE 止订期<DATE();"语句，❷按

【Ctrl+S】组合键保存查询，设置查询名称为"删除过期订单"，如图6-22所示。

Step 02 关闭创建的查询，双击导航窗格中的"删除过期订单"查询，在打开的对话框中单击"是"按钮，即可删除记录，打开"订单"数据表，即可查看到删除后的数据，如图6-23所示。

图6-22

图6-23

TIPS *使用TRUNCATE语句删除记录*

在SQL语句中，使用TRUNCATE语句也可以删除基本表中的数据，并且该语句的语法结构与DELETE语句完全相同。只是使用该语句不会触发删除前、删除后等删除记录相关的事件。

6.4 使用SQL语句创建特殊查询

通过查询向导和查询设计可以完成大部分查询的创建，十分方便、实用。但是仍有一些特殊查询不方便创建，例如联合查询、数据定义查询和多表连接查询等，本节将进行具体介绍。

6.4.1 使用UNION关键字创建联合查询

使用UNION关键字可以将用户查询到的两个查询结果合并成一个查询。为了进行合并运算，要求这样的两个查询结果具有相同的字段个数，并且对应的字段的取值范围相同，即具有相同的数据类型和取值范围。

下面以从"北方订单"和"南方订单"表中，分别筛选出未付款但已到货的订单，并将两个筛选记录在一个查询中显示为例，介绍UNION连接查询的创建方法。

实例演示 对订单查询结果进行合并

素材文件	◎素材\Chapter 6\订单管理.accdb
效果文件	◎效果\Chapter 6\订单管理.accdb

Step 01 打开"订单管理"素材，❶创建空白查询并切换到SQL视图，在空白查询中输入"SELECT *""FROM 北方订单""WHERE 付款状态="未付款" AND 订单状态="已到货""语句，❷继续输入UNION关键字和南方订单查询语句，如图6-24所示。

图6-24

Step 02 ❶按【Ctrl+S】组合键，在打开的对话框中输入名称为"未付款已到货订单"，保存查询，❷将查询切换到数据表视图，即可查看到两个表中已到货未付款的订单，如图6-25所示。

图6-25

6.4.2　使用JOIN关键字创建多表连接查询

多表连接查询就是将多个表中的数据结合到一起的查询，即连接操作可以在一个SELECT语句中完成从多个表中查找和处理数据。使用连接的字段必须是可连接的，即它们具有相同的数据类型、相同的意义。使用连接的字段，字段名可以相同，也可以不同，多表连接有多种情况，下面分别介绍。

◆ 内连接查询

如果希望查询结果只返回符合连接条件的记录，可以使用内连接查询（INNER JION）进行。内连接查询的语法格式如下：

SELECT <字段列表> FROM <表名> [INNER] JOIN <表名> ON <连接条件>

其中，<字段列表>中的字段来自两个基本表，两个基本表的位置可以互换。下面以在"学生成绩系统"数据库中分别从"学生信息表"表和"成绩表"查询中选取字段，创建"学生成绩"查询为例，讲解内连接查询的使用方法。

实例演示 **通过内连接查询汇总符合条件的数据**

素材文件	◎素材\Chapter 6\学生成绩系统.accdb
效果文件	◎效果\Chapter 6\学生成绩系统.accdb

Step 01 ❶打开"学生成绩系统"素材，❷创建空白查询并切换到SQL视图，在空白查询中输入"SELECT 姓名,课程编号,成绩""FROM 成绩表""INNER JOIN 学生信息表""ON 学生信息表.学号=成绩表.学号;"语句，如图6-26所示。

Step 02 切换到数据表视图即可查看到查询结果，按【Ctrl+S】组合键，将查询保存为"学生成绩"，如图6-27所示。

图6-26   图6-27

◆ 左/右外连接查询

如果希望在查询结果中完整显示来自某个表中的记录，并显示另一个表中与该表中相匹配的记录，需要使用左/右外连接查询。

左外连接查询的关键字为LEFT OUTER JOIN，其语法格式如下所示：

SELECT <字段列表> FROM <表名> LEFT [OUTER] JION <表名> ON <连接条件>

右外连接查询的关键字为RIGHT OUTER JOIN，其语法格式如下所示：

SELECT <字段列表> FROM <表名> RIGHT [OUTER] JION <表名> ON <连接条件>

左外连接查询和右外连接查询的实质是相同的，它们的用法也完全相同，并且，可以通过交换两个表的位置来将左/右外连接查询进行互换。

下面以在"学生成绩系统1"数据库中将所有存在成绩和不存在成绩的学生数据都筛选出来为例，讲解左/右外连接查询的使用方法。

实例演示 通过左/右外连接查询汇总符合条件的数据

素材文件	◎素材\Chapter 6\学生成绩系统1.accdb
效果文件	◎效果\Chapter 6\学生成绩系统1.accdb

Step 01 ❶打开"学生成绩系统1"素材，❷创建空白查询并切换到SQL视图，在空白查询中输入"SELECT 学生信息表.学号,姓名,课程编号,成绩""FROM 学生信息表""LEFT JOIN 成绩表""ON 学生信息表.学号=成绩表.学号;"语句，如图6-28所示。

Step 02 切换到数据表视图，按【Ctrl+S】组合键，将查询保存为"学生成绩"，即可查看到查询结果，如图6-29所示。

图6-28　　　　　图6-29

◆ 全外连接查询

在左/右外连接中，只有一张表中的被选择字段是完全显示了的。如果需要两张表中不满足连接条件的数据都显示在查询结果中，就需要使用全外连接查询。

全外连接查询的关键字为FULL OUTER JOIN，其语法格式如下所示：

SELECT <字段列表> FROM <表名> FULL [OUTER] JION <表名> ON <连接条件>

6.4.3　创建数据定义查询

SQL中的数据定义功能包括对数据库（DATABASE）、基本表（TABLE）、索引（INDEX）和视图（VIEW）的定义，包含有创建（CREATE）、删除（DROP）和更改（ALTER）这3个命令。

下面以对基本表为操作对象创建数据定义查询为例，讲解数据定义查询的创建方法和使用效果。

◆ 使用CREATE TABLE语句创建表

在SQL语句中，使用CREATE TABLE语句来定义基本表结构，如果不考虑完整性约束条件，其一般的格式如下所示：

CREATE TABLE <基本表名>

(<列名> <数据类型>,

<列名> <数据类型>,

<列名> <数据类型>,

……)

其中，<基本表名>是用户为创建的新表起的名字；<列名>是用户自定义的列标识符，即Access表中的字段名；列名后紧跟的是字段的数据类型。

如表6-4所示，给出了使用SQL语言创建表的字段类型和在Access中直接创建字段的数据类型的对应关系。

表 6-4

SQL数据类型	Access表段数据类型	说明
Text	短文本	用于存储不多于 255 个字符的文本
Char(size)	短文本	用于存储不多于 255 个字符的文本
Varchar(size)	短文本	用于存储不多于 255 个字符的文本
Memo	长文本	用于存储不多于 65 536 个字符的文本

续表

SQL数据类型	Access表段数据类型	说明
Byte	数字 [字节]	存储 0~255 之间的整数
Int/Integer	数字 [整型]	存储 -2 147 483 648 ～ 2 147 483 647 的整数
Short	数字 [整型]	存储 -32 768 ～ 32 767 的整数
Long	数字 [长整型]	存储 -2 147 483 648 ～ 2 147 483 647 的整数
Single	数字 [单精度型]	单精度浮点数，用于存储大多数小数
Double	数字 [双精度型]	双精度浮点数，用于存储大多数小数
Date	日期 / 时间	用于存储日期或者时间数据
Time	日期 / 时间	用于存储日期或者时间数据
Currency	货币	用于存储货币，包含货币格式
Counter	自动编号	用于对每条记录进行编号，一般从 1 开始
Bit	是 / 否	只能存储 0、1 和 Null 的数据类型

下面在"员工信息管理"数据库中创建"员工基本信息"表，包含有ID（自动编号）、员工编号（长为10的文本）、姓名（文本型）、性别（是/否）、年龄（两位整数）、参工时间（日期型），以此为例讲解使用SQL语句创建基本表的操作。

实例演示 使用SQL语句创建员工基本信息表

素材文件 ◎素材\Chapter 6\员工信息管理.accdb
效果文件 ◎效果\Chapter 6\员工信息管理.accdb

Step 01 ❶打开"员工信息管理"素材，❷创建空白查询并切换到SQL视图，在空白查询中输入"CREATE TABLE 员工基本信息"，创建一个名为"员工基本信息"的数据表，如图6-30所示。

Step 02 继续在查询中输入括号，在括号中输入"ID counter," "员工编号char(10)," "姓名 char(10)," "性别 bit," "年龄 short," "参工时间 date"语句，如图6-31所示。

图6-30

图6-31

Step 03 将查询保存为"生成员工基本信息表"并关闭查询，❶双击导航栏中新建的查询，❷在打开的对话框中单击"是"按钮，如图6-32所示。

Step 04 将导航窗格中新出现的"员工基本信息"表打开并切换到设计视图，即可查看到其中的字段和对应的数据类型，如图6-33所示。

图6-32

图6-33

◆使用ALTER TABLE语句更改表属性

　　使用ALTER TABLE语句可以对表中的字段进行修改，包括添加、删除和更改表中的字段。其基本语法格式为：

ALTER TABLE <表名>

[ADD (<新字段名> <数据类型> [数据完整性][,…])]

[DROP <完整性约束名>]

[ALTER COLUMN (<列名> <数据类型>[,…])]

　　需要注意的是，在一个查询中，只允许对表的一项属性进行更改，即如上语法格式中ADD子句、DROP子句和ALTER COLUMN子句不能同时出现。

　　下面以在"期刊管理"数据库的"期刊信息"数据表中添加"期数""现有册数"字段为例，讲解通过SQL语句添加新字段的方法。

实例演示 在现有数据表中添加新字段

素材文件	◎素材\Chapter 6\期刊管理.accdb
效果文件	◎效果\Chapter 6\期刊管理.accdb

Step 01 ❶打开"期刊管理"素材，❷创建空白查询并切换到SQL视图，在空白查询中输入"ALTER TABLE 期刊信息" "ADD 期数 char(4), 现有册数 int;"语句，如图6-34所示。

Step 02 ❶将查询保存为"新增字段"，❷单击"查询工具 设计"选项卡中的"运行"按钮，打开"期刊信息"表即可查看新增字段，如图6-35所示。

图6-34

图6-35

◆ 使用DROP TABLE语句删除表

使用SQL语句删除表的方法十分简单，只需要在DROP TABLE语句之后添加需要删除的表的名称即可。如果只想要删除表中的数据，但想要保留表的结构，可以使用TRUNCATE TABLE语句，在该语句之后接需要删除数据的表的名称即可。

实战演练

通过SQL语句删除"出生年月"字段

本章详细介绍了Access中常用的SQL语句的功能和用法，下面以在"企业员工资料"数据库中通过SQL语句删除"出生年月"字段为例，对本章知识进行回顾。

　　删除字段主要分为4个步骤，①将保留字段复制到临时表中；②删除原表；③复制临时表，以原表名进行重命名；④删除临时表。由于一次只能执行一条查询语句（这里有4条），因此这里通过设置宏依次运行查询（宏的知识将会在第9章进行讲解）。

素材文件	◎素材\Chapter 6\企业员工资料.accdb
效果文件	◎效果\Chapter 6\企业员工资料.accdb

Step 01 打开"企业员工资料"素材，❶输入SQL语句生成一个不包含删除字段的查询，❷将其保存为"S1创建临时表"，❸单击"确定"按钮，如图6-36所示。

Step 02 ❶输入SQL语句生成一个删除"员工基本信息"表的查询，❷将其保存为"S2删除原表"，❸单击"确定"按钮，如图6-37所示。

图6-36　　　　　　　　　　　　图6-37

Step 03 ❶新建查询，选择临时表中所有的数据，生成一个与原表同名的表，❷将其保存为"S3重新生成原表"，❸单击"确定"按钮，如图6-38所示。

Step 04 ❶新建查询，在查询中删除"员工基本信息1"表，❷将其保存为"S4删除临时表"，❸单击"确定"按钮，如图6-39所示。

图6-38　　　　　　　　　　　　图6-39

Step 05 单击"创建"选项卡"宏与代码"组中的"宏"按钮，创建一个空白的宏对象，如图6-40所示。

Step 06 ❶单击"添加新操作"列表框右侧的下拉按钮，❷在弹出的下拉列表中
选择"OpenQuery"选项，如图6-41所示。

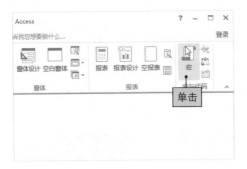

图6-40 图6-41

Step 07 ❶一次将4个查询设置在4个打开查询的操作中，❷以"删除'出生年
月'字段"为名保存宏，❸单击"确定"按钮，如图6-42所示。

Step 08 ❶关闭宏，在导航窗格中双击创建的宏，在打开的对话框中单击"确
定"按钮，❷打开"员工基本信息"表，即可查看到"出生年月"字段已经被删
除了，如图6-43所示。

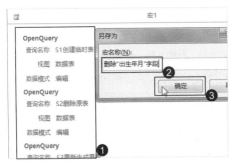

图6-42 图6-43

第7章
在窗体中对数据进行可视化控制

在Access中使用窗体可以将数据库的操作搬上可视化的平台，而且窗体也是用户与数据库系统进行数据交互的重要媒介，用户需要掌握窗体的相关知识和操作。

窗体基本知识概述
窗体的功能和分类
窗体的组成部分

常规窗体的快速创建方法
根据已有数据创建窗体
通过窗体向导创建窗体
创建导航窗体
创建空白窗体

子窗体的创建方法
通过窗体向导创建子窗体
通过控件向导创建子窗体
拖动窗体到主窗体中创建子窗体
......

▼ Excel和Access对比学：窗体的应用问题

1. Excel窗体应用门槛高，必须会VBA编程

在Excel中也支持系统开发，即将所有的操作通过可视化的窗体来进行控制，但是需要注意的是，在Excel中要实现窗体中的控件能够完成对表格数据的操作，就必须通过编写VBA代码来完成。而且在Excel中创建的窗体都是空白的窗体，用户需要根据需要来设计在当前窗体中要实现的目的，再为对应的控件添加相应的功能VBA代码。

此外，在Excel中要进行VBA编程，首先需要启用"开发工具"选项卡，单击"Visual Basic"按钮进入VBA代码编辑界面，单击"插入用户窗体"按钮即可创建一个空白窗体，在其中即可进行窗体设计。如图7-1所示为创建窗体获取员工工资数据窗体的代码，如图7-2所示为窗体效果。

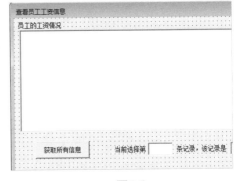

图7-1   图7-2

2. Access数据库窗体有哪些特点

Access中的窗体也可以通过编写VBA代码来实现某些管理功能，但是与Excel中的窗体相比，Access中使用窗体门槛较低，下面具体来看Access窗体有哪些特点。

◆ 在Access中内置了一些简单功能的窗体，即使初学者也可以通过窗体向导快速创建有内容的、且具有简单功能的窗体。

◆ Access中窗体的视图模式多样，包括设计视图、布局视图以及窗口视图。用户可以在不同视图对窗体进行编辑，高效便捷。

7.1　窗体基本知识概述

人们在使用电脑的过程中，日常接触到的通常都是一个个的窗体，而不是程序本身，而这些窗体的作用也正是用来实现程序与用户的交互。在Access中，使用窗体可以将所有数据组织起来，从而构成同一个有机系统。

7.1.1　窗体的功能和分类

在Access中，窗体的作用十分明显，根据其在不同应用程序中的不同用途，其功能大致有以下3点，如表7-1所示。

表 7-1

窗体功能	具体介绍
显示数据和信息	窗体作为系统与用户进行交互的重要工具，显示数据和信息是其最基础的功能
数据的输入与反馈	应用程序（系统）与用户进行的交互，都离不开数据的输入与反馈，通常都是通过窗体实现的
控制程序流程	在窗体上使用控件，通过触发控件的事件来实现程序的功能，从而控制程序的流程

在Access中提供了多种不同类型的窗体，通过这些窗体可以实现不同的功能。下面对一些常见的窗体类型及其作用进行简单介绍，具体包括信息显示窗体、数据操作窗体以及切换窗体。

◆ **信息显示窗体**：信息显示窗体主要是以数值、表格或图表的形式显示信息，这类窗体可作为其他窗体的调用对象，也可以作为主窗体的子窗体，是较为基础的窗体，如图7-3所示。

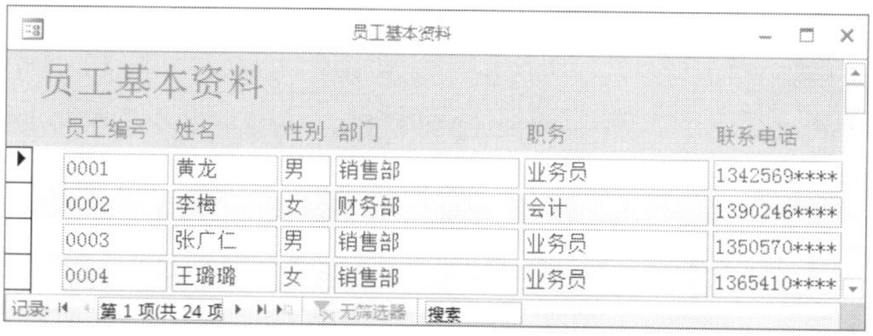

图7-3

◆ **数据操作窗体**：数据操作窗体可以让用户轻松实现数据的编辑、追加等操作，是用户编辑数据库数据的重要手段之一，如图7-4所示。

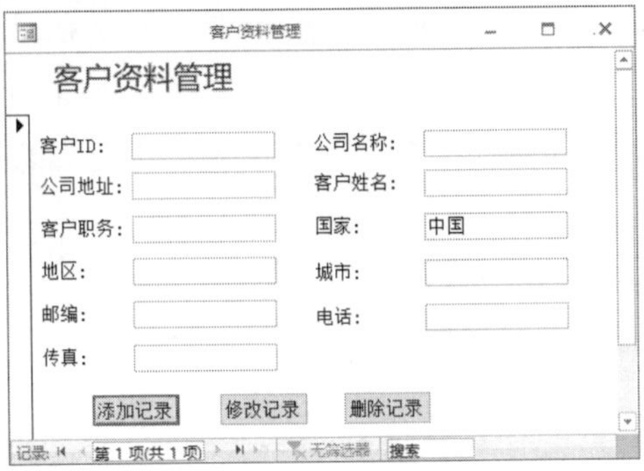

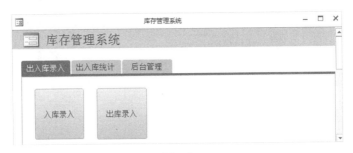

图7-4

◆ **切换窗体**：在切换窗体上添加一定的控件，可以通过这些控件打开其他窗体或报表，如图7-5所示。

图7-5

7.1.2 窗体的组成部分

在开始使用窗体之前，首先需要了解窗体在不同的视图模式中的组成部分有哪些。

在设计视图中，用户可以清晰地看到窗体的组成部分，根据窗体设计者的使用习惯不同，窗体的组成部分可能也不同，如图7-6所示为由窗体页眉、窗体页脚和主体部分构成的窗体。

一般来说，窗体最多由窗体页眉/页脚、页面页眉/页脚和主体5部分组成。其中页眉位于页面顶部，页脚位于页面底部，主要用来显示不随记录而变化的信息，如窗体标题、记录总数、日期等。

　　主体一般用来显示来自基本表或者查询中的记录，如果该区域较大，在窗体中可能会出现滚动条，滚动条只能对主体进行控制，页眉页脚不在控制范围内。（窗体可以没有窗体或页面的页眉和页脚）

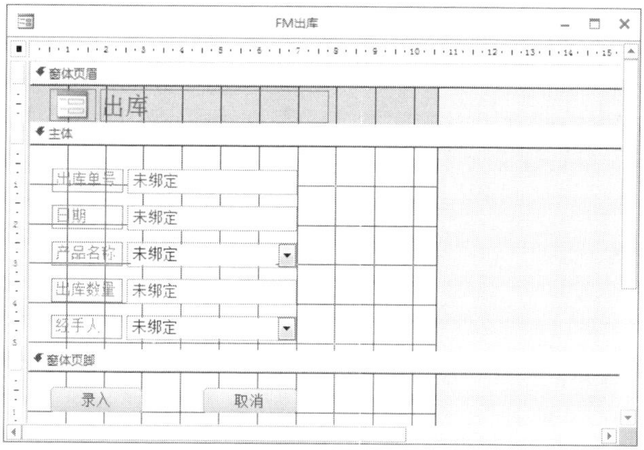

图7-6

　　如图7-7所示，在窗体左侧有一个贯穿窗体主体区域的按钮，该按钮是记录选择器，单击该按钮可以选择窗体中的整个记录；在窗体左下角有一个显示窗体记录框和选择按钮，共同构成窗体的导航按钮，单击导航按钮上的按钮可以遍历窗体中的所有记录。

图7-7

7.2　常规窗体的快速创建方法

　　在一个空白数据库中是不包含窗体的，要使用窗体，必须根据数据库中的表或查询来创建，当然也可以创建一些未与表或查询绑定的窗体以及空白窗体。

7.2.1 根据已有数据创建窗体

如果要创建的窗体包含表或查询中的字段，并且对布局没有太大的要求，❶则可以在导航窗格中选择要创建窗体的表格或查询，❷在"创建"选项卡"窗体"组中单击"窗体"按钮即可，如图7-8所示。

图7-8

与创建Access其他的对象相同，新创建的窗体也需要进行手动保存。默认情况下，新建的窗体名称与数据源表或查询的名称相同。

根据数据表创建窗体，除了可以创建普通的纵栏表窗体外，还可以创建数据表窗体（如7-9左图）和分割窗体（如7-9右图）。

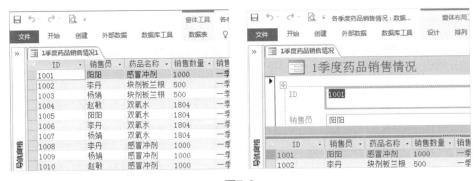

图7-9

上述两种窗体的创建操作相似，其具体操作为：选择数据源表，单击"创建"选项卡"窗体"组中的"其他窗体"下拉按钮，选择"数据表"或"分割窗体"选项即可创建。

TIPS *更改窗体分割样式*

　　默认情况下创建的分割窗体都是上下分割的，如果用户需要创建左右分割的窗体，则需要进行设置。在创建好分割窗体后，切换到设计视图，按【F4】键打开"属性表"窗格，在"格式"选项卡中单击"分割窗体方向"属性框右侧的下拉按钮，在弹出的下拉列表中选择相应的选项即可设置左右分割，如图7-10所示。

图7-10

7.2.2　通过窗体向导创建窗体

　　快速创建窗体可以让用户以最快捷的方式创建一个包含所有字段的窗体，但这种窗体一次只能查看一条记录而如果想要对窗体中包含的字段进行更多的操作，或一次查看所有记录，则可以使用窗体向导来完成。

　　下面以在"设备管理系统"数据库中通过窗体向导创建一个可以一次性浏览所有设备类别的窗体为例，具体介绍通过窗体向导创建窗体的方法。

实例演示 通过向导创建"设备类别一览"窗体

素材文件	◎素材\Chapter 7\设备管理系统.accdb
效果文件	◎效果\Chapter 7\设备管理系统.accdb

Step 01 ❶打开"设备管理系统"素材，❷单击"创建"选项卡"窗体"组中的"窗体向导"按钮，如图7-11所示。

Step 02 ❶在打开的"窗体向导"对话框中单击"表/查询"下拉按钮，❷选择"表：设备类别表"选项，如图7-12所示。

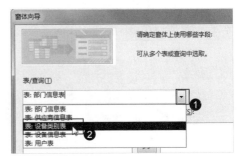

图7-11　　　　　　　　　　　　　　图7-12

Step 03 ❶单击 >> 按钮，将"可用字段"列表框中所有字段添加到"选定字段"列表框中，❷单击"下一步"按钮，如图7-13所示。

Step 04 ❶在下一步界面中选中"表格"单选按钮，❷单击"下一步"按钮，如图7-14所示。

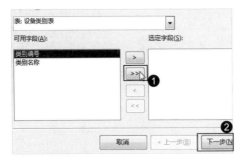

图7-13　　　　　　　　　　　　　　图7-14

Step 05 ❶在"请为窗体指定标题"文本框中输入"设备类别一览"文本，❷单击"完成"按钮，Access将自动打开新建的窗体，如图7-15所示。

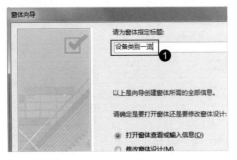

图7-15

7.2.3 创建导航窗体

在Access中，如果用户需要在不同的窗体或报表之间进行切换，可以选择创建导航窗体，将这些窗体和报表组成一个整体。

下面以在"罗斯文数据库"中创建一个"产品销量情况"导航窗体为例，具体介绍创建导航窗体的方法。

实例演示 创建导航窗体实现不同窗体和报表的切换

素材文件	◎素材\Chapter 7\罗斯文数据库.accdb
效果文件	◎效果\Chapter 7\罗斯文数据库.accdb

Step 01 ❶打开"罗斯文数据库"素材，❷单击"创建"选项卡"窗体"组中的"导航"下拉按钮，选择"水平标签"选项，❸将"按类别产品销售图表"窗体拖动到"新增"标签上，如图7-16所示。

图7-16

Step 02 ❶在导航标签上双击，进入编辑状态，更改名称为"类别"，❷按照Step 01的方法，将其他的窗体和报表添加到导航窗体中，如图7-17所示。

图7-17

Step 03 ❶按【Ctrl+S】组合键，在打开的对话框中输入"产品销量情况"，❷单击"确定"按钮，❸双击页眉标题标签，进入编辑状态，将其内容更改为"销售情况"，如图7-20所示。

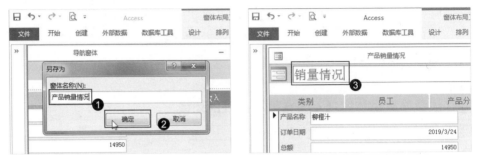

图7-18

Step 04 ❶在导航标签栏上右击，选择"窗体视图"命令，❷在窗体视图中即可查看到最终效果，如图7-19所示。

图7-19

7.2.4　创建空白窗体

虽然Access中的窗体样式较多，但当内置的样式不能满足需要或是窗体中仅希望包含少量的字段，或者需要自己添加一些其他控件，则可以创建一个空白窗体，然后手动向其中添加字段或控件。

手动设计窗体通常都是从空白窗体开始设计（也可以在已有的样式上进行修改），这就需要创建一个空白窗体。

要创建空白窗体，可以打开数据库，不选择任何表或查询，直接在"创建"选项卡中单击"空白窗体"按钮即可，如7-20左图所示。

单击"窗体设计"按钮同样可以创建空白窗体，且所创建的窗体在设计视图下，如7-18右图所示。

图7-20

7.3 子窗体的创建方法

如果需要使用同一个窗体查看来自多个表或者查询的数据，并且这些表或者查询之间的关系是一对多，那么就可以使用子窗体。子窗体可以扩展Access普通窗体的功能，创建子窗体的方法有3种，即通过窗体向导创建、通过控件向导创建以及拖动窗体到主窗体中创建。

7.3.1 通过窗体向导创建子窗体

窗体向导不仅可以创建普通的窗体，也可以创建子窗体，在窗体创建完成时，可以同时创建主窗体以及子窗体两个窗体，例如要根据订单和订户两张表创建一个带有子窗体的窗体，可按如下方法进行。

实例演示 通过窗体向导创建带有子窗体的窗体

素材文件	◎素材\Chapter 7\报刊订阅信息.accdb
效果文件	◎效果\Chapter 7\报刊订阅信息.accdb

Step 01 ❶打开"报刊订阅信息"素材，❷单击"创建"选项卡"窗体"组中的"窗体向导"按钮，❸在打开的对话框中的"表/查询"下拉列表框中选择"表：订单"选项，❹将需要的字段添加到"选定字段"列表框中，如图7-21所示。

图7-21

Step 02 ❶在"表/查询"下拉列表框中选择"表：期刊"选项，❷将需要的字段添加到"选定字段"列表框中，单击"下一步"按钮，❸在列表框中选择"通过订户"选项，❹选中"带有子窗体的窗体"单选按钮，如图7-22所示，单击"下一步"按钮。

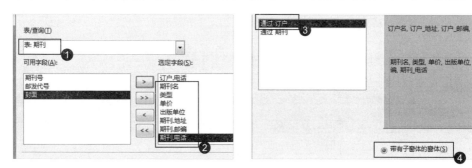

图7-22

Step 03 ❶在打开的向导对话框中选中"数据表"单选按钮（表示子窗体采用数据表布局），单击"下一步"按钮，❷在"窗体"文本框中输入"用户订阅期刊一览"，❸选中"修改窗体设计"单选按钮，如图7-23所示。

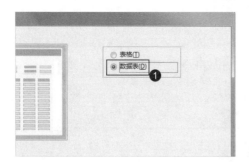
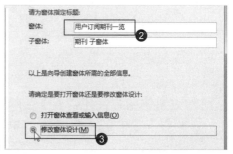

图7-23

Step 04 单击"完成"按钮进入到设计视图模式，在其中对窗体进行简单布局，❶单击"开始"选项卡中的"视图"下拉按钮，❷选择"窗体视图"选项，❸即可查看到最终效果，如图7-24所示。

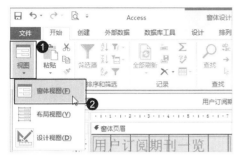 

图7-24

TIPS 　*通过窗体创建子窗体的注意事项*

　　通过窗体创建子窗体时，必须要添加两个以上的表或查询中的数据，才能进入到创建"带有子窗体的窗体"的向导中。

7.3.2　通过控件向导创建子窗体

　　Access为大多数窗体提供了控件向导，在启用"使用控件向导"的情况下，就可通过控件向导创建子窗体。

　　使用控件向导创建子窗体时必须在子窗体数据源中包含与父窗体相关联的字段，否则在窗体中添加子窗体就会失败。

　　下面以在"报刊订阅信息1"数据库中通过控件向导创建查看用户订阅的期刊为例，讲解通过控件向导创建子窗体的方法。

实例演示 **通过控件创建子窗体**

素材文件	◎素材\Chapter 7\报刊订阅信息1.accdb
效果文件	◎效果\Chapter 7\报刊订阅信息1.accdb

Step 01 打开"报刊订阅信息1"素材，❶在"订户"窗体上右击，选择"设计视图"命令，❷单击"窗体设计工具 设计"选项卡"控件"组中的"其他"按钮，确保"使用控件向导"选项处于选择状态，如图7-25所示。

图7-25

Step 02 ❶单击"窗体设计工具 设计"选项卡"控件"组中的"其他"按钮，选择"子窗体/子报表"控件，❷按住鼠标进行拖动，在原数据下方绘制一个矩形框，如图7-26所示。

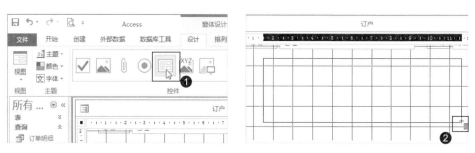

图7-26

Step 03 ❶在打开的"子窗体向导"对话框中保持"使用现有的表和查询"单选按钮的选中状态，单击"下一步"按钮，❷在打开的对话框中从"订单"表中选择所需的字段，单击"下一步"按钮，如图7-27所示。

图7-27

Step 04 ❶在打开的对话框中选中"自行定义"单选按钮，❷设置主窗体记录与子窗体记录之间的关系，完成后单击"下一步"按钮，❸在打开的对话框中输入子窗体的名称，然后单击"完成"按钮完成子窗体创建，如图7-28所示。

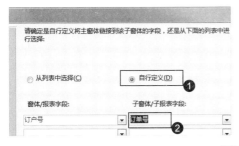

图7-28

Step 05 完成子窗体创建后，切换到窗体视图查看子窗体效果，如图7-29所示。

图7-29

通过控件向导创建子窗体时，如果不是使用已有的窗体作为子窗体，程序会自动为子窗体创建新的窗体，并将其添加到导航窗格中。

7.3.3 拖动窗体到主窗体中创建子窗体

如果要将某些已经存在的窗体作为主窗体的子窗体，则可以打开作为主窗体的窗体，然后直接从导航窗格中将要作为子窗体的窗体拖动到作为主窗体的窗体中即可。

在拖动窗体到某个窗体中时，Access会自动创建子窗体控件，因此，在拖动窗体前，无须手动添加子窗体控件。

需要注意的是，要通过拖动已有窗体为子窗体，必须要确保当前打开的窗体（父窗体）的视图模式为布局视图或设计视图，否则无法通过该方法进行创建。

如图7-30所示为通过将"订单"窗体拖动到"订户"窗体中作为子窗体为例进行介绍。

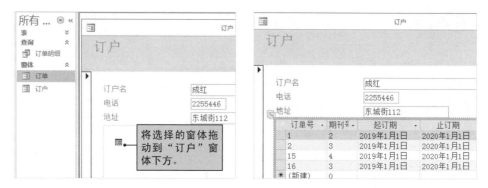

图7-30

7.4 对窗体进行设置

窗体要实现某些特定的功能，就需要对窗体的属性进行更改，借助属性表可以对窗体属性进行细致的调整。

7.4.1 对窗体的属性进行操作

对窗体的属性进行设置，可以控制当前整个窗体的显示效果和功能，窗体的属性都是在对应的"属性表"任务窗格中完成的，用户可在布局视图单击"窗体布局工具 设计"选项卡（或在设计视图单击"窗体设计工具 设计"选项卡）"工具"组中单击"属性表"按钮，如7-31左图所示（若窗体有其他控件，用户也可通过控件打开"属性表"任务窗格后在其中的下拉列表框中选择"窗体"选项卡，即可对窗体的属性进行设置）。

"属性表"任务窗格有"格式""数据""事件""其他"和"全部"5个选项卡，其中"全部"选项卡中包含了窗体所有可以进行设置的属性，另外4个选项卡则是对窗体所有属性的分类，如7-31右图所示。

图7-31

◆ 格式

窗体的"格式"选项卡中的属性针对的是窗体基本外观及形状等。下面介绍几个常用的格式属性。

标题。用于指定当前窗体在运行时，显示在窗体顶端的内容，如图 7-32 所示。

图 7-32

默认视图。用于指定打开窗体时默认的视图模式，共有 4 种视图模式供用户选择，分别是"单个窗体""连续窗体""数据表"和"分割窗体"。

图片。用于指定窗体使用的背景图片，单击右侧的 按钮打开"插入图片"对话框，从电脑中选择要使用的图片（若要删除窗体的背景图片，可直接删除"图片"属性框中的所有内容，在打开的提示对话框中单击"是"按钮即可）。

TIPS 关于窗体中背景图片的其他属性

　　在窗体中插入背景图片后，还需要对窗体中图片的其他属性进行设置。其中，"图片平铺"属性用于指定当前图片大小与窗体大小不同的时候，是否进行平铺排列；"图片对齐方式"属性用于指定背景图片与窗体的对齐方式，默认为中心对齐；"图片缩放模式"属性用于指定图片在窗体中的缩放方式，默认为"剪辑"方式，如果使用"缩放"方式可使图片始终保持与窗体大小一致，但这种方式可能导致图片变形。

滚动条。用于指定当窗体尺寸不足以容纳窗体内容时，是否显示滚动条以让用户查看窗体所有内容，该属性有"只水平""只垂直""两者都有"和"两者均无" 4 种选项可供选择。

导航按钮。用于指定窗体是否显示启动导航按钮，默认选择"是"选项，表示窗体左下角显示导航按钮，如果选择"否"选项则不显示导航按钮，如图 7-33 所示。

图 7-33

最大最小化按钮。用于指定窗体是否包含"最小化"和"最大化"控制按钮，有"无""最小化按钮""最大化按钮"和"两者都有"共 4 个选项。

关闭按钮。指定当前窗体的"关闭"按钮在窗体视图中是否可用，默认选择"是"选项，表示通过单击该按钮可关闭窗体，若选择"否"选项，则该按钮呈灰色不可用状态。

◆ 数据

窗体属性表的"数据"选项卡中汇聚了对窗体中数据进行控制的属性，如数据来源于哪张表、是否允许筛选、是否允许编辑等，其中常用的属性有如表 7-2 所示的几种。

表7-2

属性	作用
记录源	用于指定窗体中数据的来源，单击其右侧的□按钮，可打开Access的查询设计界面，选择数据的来源
筛选	与窗体或报表一起自动加载的筛选
允许筛选	用于指定用户是否可对记录进行筛选
允许编辑	用于指定用户是否可以通过该窗体对记录进行修改
允许删除	用于指定用户是否可以通过该窗体上的按钮对选择的记录进行删除

续表

属性	作用
允许添加	用于指定用户是否可以通过该窗口向表中添加新记录
记录锁定	用于指定是否以及如何锁定表或查询中的记录，有"不锁定""所有记录"和"已编辑的记录"3个选项

◆ 事件

事件是指窗体的某个特定状态，如加载、单击、获得焦点、失去焦点等，通过对这些事件指定代码，可以执行相应的操作。窗体的事件相对于其他控件来说要多很多，常用的事件如表 7-3 所示。

表7-3

属性	作用
加载	在窗体被加载时执行
单击/双击	单击/双击窗体某部分或其中的控件时执行
更新前/后	在字段或记录被更新前/后执行
插入前/后	在新添加的记录的第一个字符被键入时执行；在新记录被插入后执行
失去/获得焦点	当控件或窗体失去/获得焦点时执行
鼠标按下/释放/移动	在窗体上按下/释放/移动鼠标时执行
打开/关闭	窗体在被打开/关闭前执行
激活	当窗体被激活时执行
停用	当窗体失去激活状态时执行
出错	当窗体中发生运行错误时执行
鼠标滚动时	当使用鼠标中间的滚轮时执行
调整大小	当窗体大小被更改时执行
计时器触发	当计时器时间间隔为零时执行（具体时间间隔可根据"计时器间隔"属性进行设置，其单位为毫秒）

◆ 其他

窗体的"其他"选项卡中列举出了窗体的一些特殊属性，其中常用的属性有如表 7-4 所示的几种。

表7-4

属性	作用
弹出方式	用于指定是否以弹出窗口的方式打开当前窗体或报表，使其保持在其他窗口上方
循环	用于指定用户按【Tab】键时，焦点循环的方式，有"所有记录"、"当前记录"和"当前页"3个选项可用
快捷菜单	用于指定在浏览模式中，用户单击鼠标右键是否可弹出快捷菜单
帮助文件	用于指定当前窗体或报表所使用的帮助文件名称，即在窗体或报表的运行状态下，按【F1】键打开的文件

7.4.2　为窗体添加页眉和页脚

前面介绍过窗体最多由窗体页眉/页脚、页面页眉/页脚和主体5部分组成。页眉页脚也有一些不同的作用，合理使用页眉页脚可以使窗体设置更加合理。

页眉页脚的具体作用如下所示。

◆**窗体页眉**：在查看窗体时显示在每页的顶部，打印时显示在窗体顶部。

◆**页面页眉**：只有打印窗体时才会显示；在窗体页眉之后打印。

◆**窗体页脚**：在查看窗体时显示在每页的底部，打印时显示在窗体底部。

◆**页面页脚**：只有打印窗体时才会显示；在窗体页脚之前打印。

在窗体中添加和删除页眉/页脚的方法十分简单，只需要切换到设计视图，在其名称上右击，选择"页面页眉/页脚"或者"窗体页眉/页脚"命令即可添加或删除窗体中的页眉或页脚，如图7-34所示。

图7-34

7.5　在窗体上使用控件控制数据表

Access中的控件是窗体或报表上的一个对象，用于输入数据、显示数据或执行一些特定的动作。控件可以与表的字段绑定到一起，以实时显示字段数据，并将控件中修改的数据返回给表的字段。

7.5.1　了解控件的类型

Access中提供的控件有22种，用户将鼠标光标移动到控件上，即可查看该控件的名称，表7-5所示为这些控件的名称及用途。

表 7-5

控件名称	用途
文本框	显示数据，并允许用户编辑数据
标签	常用于显示不会变化的静态文本
按钮	也称命令按钮，单击时执行宏或 VBA 代码
选项卡控件	提供一个选项卡，可以在一个文件夹界面显示多页内容
超链接	创建一个到其他对象的链接，单击可以启动相应的对象
Web 浏览器控件	用于在窗体中显示网页信息
导航控件	用于窗体或者报表的导航，在导航窗体中就是使用的该控件
选项组	存放多个选项按钮、复选框或者切换按钮
插入分页符	通常在报表中使用，表示一个物理分页
组合框	提供一个值下拉列表
图表	用于在窗体中创建图表，如图表窗体等
直线	显示一条粗细、颜色可变的直线，一般用于对象的分隔
切换按钮	通过按钮的按下或弹起显示状态，一般使用图片或者图标
列表框	用于显示一直需要显示的值的列表
矩形	一个矩形，通常用于突出某些对象或者数据
复选框	一个二态选项按钮，标识选项是否选中

续表

控件名称	用途
未绑定对象框	用于显示没有绑定到基础表字段的 OLE 对象，如图表、图片、音频等
附件	用于管理"附件"类型的文件
选项按钮	又叫单选按钮，在一组多个单选按钮中，只有一个能被选中
子窗体 / 子报表	主窗体或者主报表中显示另一个窗体或者报表
绑定对象框	用于显示绑定到基础字段的 OLE 对象
图像	用于显示一个位图，占用空间较少，是修饰窗体的重要手段之一

7.5.2　添加控件的方法

　　了解了控件类型后，还需要知道如何在窗体中添加控件。Access中主要提供了3种控件添加方法，分别是通过添加字段创建、通过绘制控件创建和通过控件向导创建。

　◆ 通过添加字段创建

　　如果要添加的控件显示数据表或查询中某字段值的标签和文本框，❶在窗体的布局或设计视图中单击"窗体布局工具 设计"选项卡中的"添加现有字段"按钮，❷打开"字段列表"任务窗格，将所需字段拖动到窗体中，❸即可添加与该字段对应的标签和文本框控件，如图7-35所示。

图7-35

　◆ 通过绘制控件创建

　　对于大多数的控件而言，都可以在窗体中直接绘制，然后更改控件的属性得到。例如要创建一个名为"进行升序排序"的单选按钮，❶切换到设计视图，在"窗体设计工具 设计"选项卡的"控件"组中选择"选项按钮"选项，❷在窗体中单击鼠标左键以绘制控件，再单击两次控件右侧的标签，输入新的文字即可，再如图7-36所示。

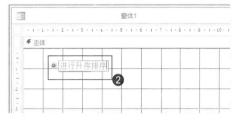

图7-36

◆ 通过控件向导创建

某些控件可以在窗体的设计视图中启动控件向导，借此更为方便地创建控件并完成控件的某些功能设置。

例如，要创建一个关闭当前窗体的命令按钮控件，可在"控件"组中选择"按钮"选项，❶在窗体中单击鼠标左键以启动控件向导，在"类别"列表框中选择"窗体操作"选项，❷在"操作"列表框选择"关闭窗体"选项后单击"下一步"按钮，❸选中"文本"单选按钮，单击"完成"按钮即可，如图7-37所示。

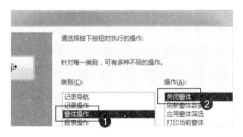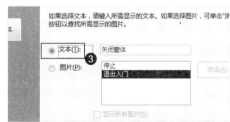

图7-37

7.5.3　对控件进行各种编辑操作

手动创建窗体是一个比较复杂的操作，会涉及的操作较多，其中最为主要的便是对窗体中控件的操作，让窗体界面更加美观与合理。

◆ 选择和删除控件

要对窗体中的控件进行编辑，首先必须要选择控件。Access中控件的选择方法较为简单，只需要在布局视图或设计视图中，直接单击相应的控件即可选择，被选中的控件会显示出橙色边框，如图7-38所示。

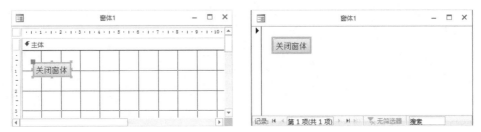

图7-38

选择控件后，单击鼠标右键，选择"删除"命令，或是选择控件后，直接按【Delete】键，即可删除控件。

◆ 调整控件大小

控件的大小并不是固定的，用户可以根据窗体布局需要随意调整控件的大小。要调整控件的大小，有以下两种方法。

拖动控件边框调整。选择控件，将鼠标光标移动到控件的边框上，当鼠标光标变为双向箭头时，按住鼠标左键不放拖动到合适的位置，如图7-39所示。

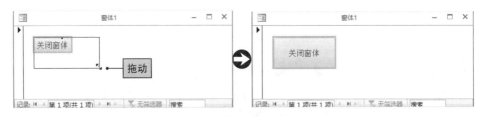

图7-39

设置控件属性。选择控件，按【F4】键打开控件的"属性表"任务窗格，更改控件的"高度"和"宽度"属性即可，如图7-40所示。

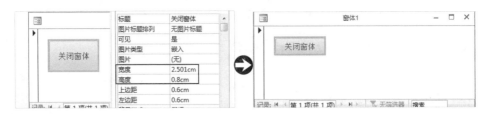

图7-40

◆移动控件位置

通过"属性表"任务窗格的"上边距"和"左边距"属性可以精确调整控件的位置，除此之外，在设计视图或布局视图中还可以通过拖动的方式快速调整控件的位置。

在要移动控件的位置，将鼠标光标移动到需要调整位置的控件上，当鼠标光标变为4向箭头时，按住鼠标左键将其拖动到合适位置即可，如图7-41所示。

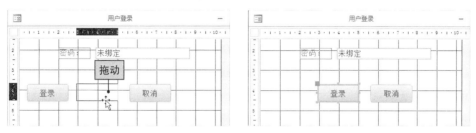

图7-41

TIPS *控件位置的微调*

在窗体的设计视图中，选中需要移动位置的控件，按【↑】、【↓】、【←】或【→】键，也可以移动所选控件的位置，并且这样移动更为精确，可以更好地使各控件对齐。

◆对齐多个控件

当同一窗体中具有多个控件时，将一些控件对齐可以使得整个窗体界面更为整洁，Access中主要提供了两种对齐方式，分别是通过"对齐"下拉按钮和通过"大小/空格"下拉按钮。

通过"对齐"下拉按钮。同时选择需要对齐的多个控件，在"窗体设计工具 排列"选项卡中单击"对齐"下拉按钮，选择所需的对齐选项即可，如7-42左图所示。

通过"大小/空格"下拉按钮。选择多个控件，在"窗体设计工具 排列"组中单击"大小/空格"下拉按钮，在弹出的下拉列表框的"间距"组中选择相应的选项即可，如7-42右图所示。

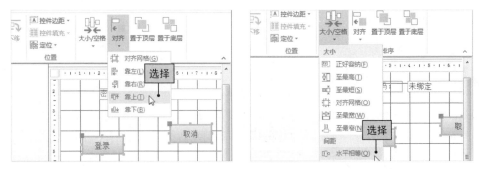

图7-42

◆ 将多个控件组合在一起

在窗体中添加多个控件并调整好这些控件的位置后，如果希望这些控件的相对位置保持不变，就可以将这些控件组合在一起，当作一个独立控件来对待。

要将多个控件组合在一起，可选择这些控件后，在"窗体设计工具 排列"选项卡中单击"大小/空格"按钮，在弹出的下拉列表框的"分组"栏中选择"组合"选项，如图7-43所示。

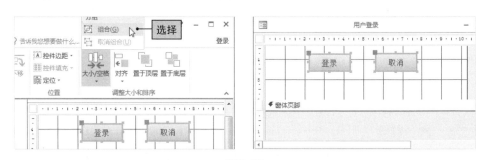

图7-43

7.6 在窗体中创建计算控件

前面主要介绍的是直接使用表中的数据，基本没有涉及对数据进行处理。但是在实际使用过程中，时常需要通过控件对表中的数据进行一定的处理。

例如，通常在销售表中会记录产品的销售单价和销售数量，但不会记录销售额数据（可能出现冗余数据），而在实际进行数据分析时，销售额数据又比较重要，需要计算出来，这时就可以通过计算控件来实现销售额数据的计算。

下面以在"鞋子销售总额"数据库中通过计算字段计算商品销售总额为例，讲解通过控件实现字段值计算的方法。

实例演示　创建计算控件计算销售额数据

素材文件	◎素材\Chapter 7\鞋子销售总额.accdb
效果文件	◎效果\Chapter 7\鞋子销售总额.accdb

Step 01 打开"鞋子销售总额"素材，❶以布局视图打开"销售数据"窗体，在"控件"列表框中选择"文本框"控件，❷在已有控件的下方绘制文本框，双击新添加文本框的附加标签，将其标题修改为"销售总额"，如图7-44所示。

图7-44

Step 02 ❶选择绘制的文本框控件，按【F4】键打开属性表，❷单击"数据"选项卡，❸单击"控件来源"属性右侧的⋯按钮，❹在打开的"表达式生成器"对话框中的"表达式类别"列表框中选择"<字段列表>"选项，在"表达式值"列表框中双击"单价"选项，如图7-45所示。

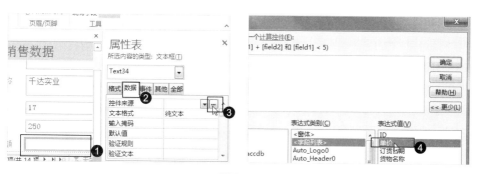

图7-45

Step 03 ❶分别在3个列表框中选择"操作符""算术""*"，添加运算符，❷然后用Step02中的方法，在运算符之后添加"数量"选项，如图7-46所示。

图7-46

Step 04 单击"确定"按钮，关闭对话框，❶单击属性表中"格式"选项卡的下拉按钮，❷选择"货币"选项，❸在窗体的视图模式中即可查看到最终的效果，且计算结果不能被编辑，如图7-47所示。

图7-47

实战演练

创建数据查询窗体并进行数据计算

　　在本节主要介绍了窗体和控件的相关知识，通过这些知识的学习，用户可以轻松制作Access应用程序的主窗体界面。下面以在"销售查询"数据库中创建数据查询窗体并进行数据计算为例，对本章中介绍的窗体和控件的相关知识进行具体回顾。

素材文件	◎素材\Chapter 7\销售查询.accdb
效果文件	◎效果\Chapter 7\销售查询.accdb

Step 01 打开"销售查询"素材，❶选择导航窗格中的"库存状态 查询"选项，❷单击"创建"选项卡"窗体"组中的"窗体"按钮，如图7-48所示。

Step 02 切换到设计视图，对窗体中的控件进行重新布局，然后删除"订单编号"文本框，❶在"窗体设计工具 设计"选项卡中选择"组合框"控件，❷重新绘制，如图7-49所示。

图7-48

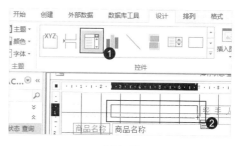
图7-49

Step 03 ❶在打开的对话框中选中最下方的单选按钮，单击"下一步"按钮，❷将"订单编号"字段添加到"选定字段"列表框，依次单击"下一步"按钮后单击"完成"按钮完成操作，如图7-50所示。

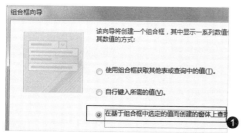

图7-50

Step 04 切换到布局视图，❶在"窗体布局工具 设计"选项卡的"控件"组中选择"文本框"选项，❷在"成本单价"控件下方的单元格中单击以创建控件，在打开的对话框中单击"完成"按钮，❸双击列表框左侧的框，输入"毛利总额"，❹选择右侧的文本框，按【F4】键，❺在打开的窗格中设置格式为"货币"，如图7-51所示。

图7-51

Step 05 用同样的方法再添加一个文本框控件，❶将其附带的标签的"标题"修改为"毛利率"，❷将"格式"属性设置为"百分比"，❸并保留2位小数，❹选择添加的第一个文本框，单击其"控件来源"属性右侧的按钮，在打开的对话框中输入"([单价] - [成本单价])* [数量]"并保存，如图7-52所示。

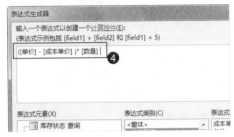

图7-52

Step 06 ❶用同样的方法再为创建的第二个文本框设置数据来源，其计算表达式为"([单价] - [成本单价])/ [成本单价]"，❷双击窗口标题，重命名为"产品销售查询"，如图7-53所示。

图7-53

Step 07 ❶按【Ctrl+S】组合键，将窗口保存为"产品销售明细"，切换到窗体视图，❷单击"订单编号"下拉按钮，选择订单编号，即可查看对应的数据，如图7-54所示。

图7-54

第8章
使用报表呈现数据库数据

在Access中同样可以向Excel一样通过报表展示数据库数据。用户需要掌握报表的创建方法以及如何对报表进行设置等操作。

报表基础快速入门

区分报表和窗体
了解报表的结构和类型
快速创建报表的方法

自定义设计报表

在布局视图中设计报表
在设计视图中自定义报表
创建标签报表

报表的数据管理操作

在报表中实现分组和排序
在报表中筛选数据
......

▼ Excel和Access对比学：报表的输出设置问题

1. Excel中的数据透视表布局设置少，图表展示灵活

在Excel中根据表格数据制作报表，通常是使用数据透视表统计分析数据，最终生成报表，如图8-1所示。

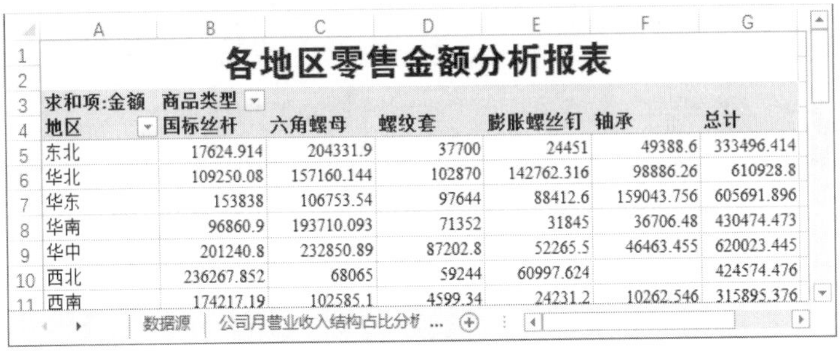

各地区零售金额分析报表

求和项:金额	商品类型					
地区	国标丝杆	六角螺母	螺纹套	膨胀螺丝钉	轴承	总计
东北	17624.914	204331.9	37700	24451	49388.6	333496.414
华北	109250.08	157160.144	102870	142762.316	98886.26	610928.8
华东	153838	106753.54	97644	88412.6	159043.756	605691.896
华南	96860.9	193710.093	71352	31845	36706.48	430474.473
华中	201240.8	232850.89	87202.8	52265.5	46463.455	620023.445
西北	236267.852	68065	59244	60997.624		424574.476
西南	174217.19	102585.1	4599.34	24231.2	10262.546	315895.376

图8-1

下面具体介绍Excel通过数据透视表/图制作报表的特点。

- ◆数据透视表功能强大，可以对表格数据进行分类汇总、计算、统计、排序、筛选。
- ◆数据透视表提供的布局样式很少，只有报表布局、大纲布局和表格布局3种。
- ◆数据透视表的数据可以在数据透视图中显示，并且数据透视图可以灵活设置哪些数据显示出来，哪些数据不显示出来，编辑很灵活。

2. Access报表布局在打印前可随意更改，但图表展示不灵活

在Access中创建的报表，在打印前可以对其呈现效果和布局格式随意更改，如通过主题美化报表，对报表内容进行分组、排序、统计和汇总操作，不仅如此，Access中创建报表的方式多种多样，可以创建基本报表、空报表、标签报表等。在Access中制作报表也有不同的视图选择，能够方便用户更加精确地设计和制作报表，这点来说比Excel数据透视表更加灵活。对于报表的打印效果预览和打印操作，与Excel的操作差不多。

虽然也可以在Access报表中将一些数据用图表展示，但是图表中显示的内容不能像数据透视图中那样灵活设置和更改。

8.1　报表基础快速入门

报表是Access中的基础对象之一，与Excel中的报表相似，可以进行打印和显示数据。在报表中用户可以轻松获取报表的摘要和数据的汇总，控制数据的显示效果和排列方式。下面首先对报表的基础知识进行介绍，为后面深入学习打下基础。

8.1.1　区分报表和窗体

在Access中，报表与窗体是最为相似的，都可以显示数据表中的记录，其创建方式也基本相同，在运行时的效果也差不多。报表和窗体效果如图8-2所示。

图8-2

虽然报表与窗体有很多相似的地方，但它们之间也存在很大的区别。从报表和窗体的性质来看，窗体可以看作是一种容器，可以容纳各种控件，而报表则可以视为一种特殊的控件，可以在报表中按特殊的方式显示数据表中的数据。除此之外，报表与窗体的主要区别归纳如表8-1所示。

表 8-1

项目	报表	窗体
用途	主要用于打印到纸张上的数据布局	主要用于在屏幕上显示表中数据
交互性	只能显示数据，不能提供交互操作	可以提供用户交互操作，更改数据记录
注重点	注重对当前数据源数据的表达力	注重整个数据的联系和操作的方便性

8.1.2　了解报表的结构和类型

在正式开始使用报表之前，用户还需要对报表的结构和类型有所了解，下面分别进行介绍。

◆ 报表的组成部分

与窗体有所区别的是，窗体最多由5个部分构成，报表最多可由7个部分组成，其中组页眉和组页脚可以同时存在多个。报表结构如图8-3所示。

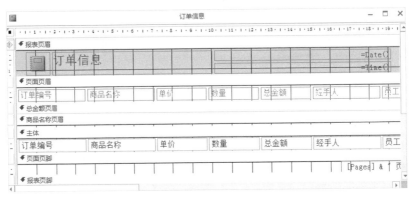

图8-3

各组成部分为报表页眉、页面页眉、组页眉、主体、组页脚、页面页脚。

◆ 报表的类型

在Access中，根据报表主体中的内容显示方式的不同，可以将报表分为4种类型，分别是纵栏式报表、表格式报表、图表报表以及标签报表。

纵栏式报表：纵栏式报表（也称为窗体报表）一般是在一页的主体节内以垂直方式显示一条或多条记录。如图8-4所示。

图8-4

表格式报表。表格式报表以行和列的形式显示记录数据，通常一行显示一条记录、一页显示多行记录。表格式报表与纵栏式报表不同，字段标题信息不是在每页的主体节内显示，而是在页面页眉显示，如图8-5所示。

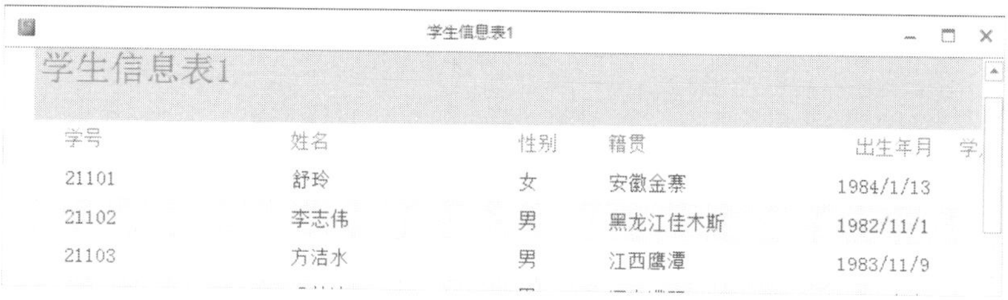

图8-5

图表报表：图表报表是指在报表中使用图表，这种方式可以更直观地表示数据之间的关系。不仅美化了报表还可使结果一目了然，如图8-6所示。

图8-6

标签报表：标签报表是一种特殊类型的报表。在实际应用中，经常会用到标签，例如物品标签、客户标签等，这些都可以通过标签报表来实现，如图8-7所示。

图8-7

8.1.3 快速创建报表的方法

Access中提供了多种创建报表的方法，可以通过简单报表工具、报表向导、空报表工具、设计视图和标签向导等来创建报表。下面将讲解两种快速创建报表的方法。

◆ 一键生成报表

在Access中如果要根据表和查询快速生成一个表格式的报表，是非常简单的，❶只需要在导航窗格中选择需要创建报表的表或查询，❷在"创建"选项卡的"报表"组中单击"报表"按钮即可，如图8-8所示。

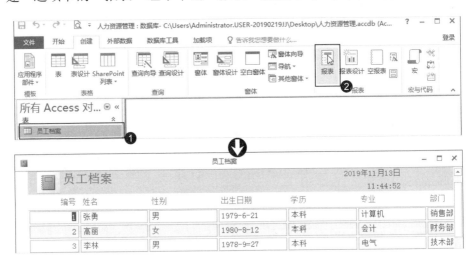

图8-8

◆ 利用向导工具创建报表

一键生成报表的方式虽然简单，但这样的方式不能提供用户需要的报表布局和样式。而利用报表向导则可以弥补这些缺点，创建合适的报表。

下面以为"销售管理"数据库中的"员工"表创建一个报表为例，讲解如何通过向导工具创建报表，其具体操作如下。

实例演示 通过向导工具创建员工分组报表

素材文件	◎素材\Chapter 8\销售管理.accdb
效果文件	◎效果\Chapter 8\销售管理.accdb

Step 01 ❶打开"销售管理"素材，❷在导航窗格中选择"员工"表，❸在"创建"选项卡的"报表"组中单击"报表向导"按钮启动向导，❹选择要在报表中出

现的字段并将其添加到"选定字段"列表框中，❺单击"下一步"按钮，如图8-9
所示。

图8-9

Step 02 ❶在打开的对话框中的左侧列表框中选择"所属部门"选项，❷单击 ＞
按钮将其添加到右侧窗格中，用以为报表创建分组，单击"下一步"按钮，❸在
打开的对话框中的下拉列表框中选择"参加工作时间"选项，在分组中按照员工
参加工作时间进行升序排列，单击"下一步"按钮，如图8-10所示。

图8-10

Step 03 ❶在打开的对话框设置报表的布局模式，这里选中"块"单选按钮，再
单击"下一步"按钮，❷在打开的对话框的文本框中输入报表的名称"员工分组
报表"，单击"完成"按钮即可完成报表的创建，如图8-11所示。

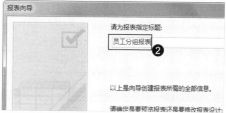

图8-11

Step 04 在视图栏中单击"布局视图"按钮切换到报表的布局视图中，按住【Ctrl】键选择要调整列宽的列标题和记录，调整各列的宽度的位置，使其能够完全显示各字段的内容，如图8-12所示。

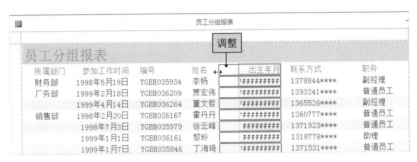

图8-12

8.2 自定义设计报表

无论是一键生成的报表还是通过向导工具生成的报表，报表布局都不可能完全符合用户的要求，这时候就可以对报表进行各种自定义操作。

8.2.1 在布局视图中设计报表

如果需要设计一个特殊格式的报表，可以先创建一个空白报表，然后根据自己的需要在布局模式中向报表中添加需要的字段或其他报表元素，并对其位置和大小等进行设置，从而达到理想的效果。

下面以为"人事管理表"数据库中的"员工信息表"表创建一个报表为例，讲解如何在布局视图中设计报表，其具体操作如下。

实例演示 通过布局视图为"员工信息"数据表创建报表

素材文件	◎素材\Chapter 8\人事管理表.accdb
效果文件	◎效果\Chapter 8\人事管理表.accdb

Step 01 ❶打开"人事管理表"素材，❷在导航窗格中选择"员工信息表"表，❸在"创建"选项卡"报表"组中单击"空报表"按钮，❹在打开的"字段列表"窗格中选择要添加到报表的字段，❺将其拖动到新建的空白报表中，如图8-13所示。

图8-13

Step 02 用同样的方法将其他需要在报表中显示的字段从"字段列表"窗格中拖动到报表中，❶选择第一行中的任意单元格，❷在"报表布局工具 排列"选项卡的"行和列"组中单击"在上方插入"按钮，插入一行空行，❸按住【Shift】键选择第一行所有单元格，❹在"报表布局工具 排列"选项卡的"合并/拆分"组中单击"合并"按钮，如图8-14所示。

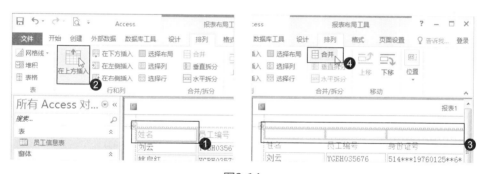

图8-14

Step 03 ❶在"报表布局工具 设计"选项卡的"控件"组中间的列表框中选择"标签"选项，❷在合并后的单元格中绘制一个标签，❸在标签中录入文本"员工信息报表"，❹在"报表布局工具 格式"选项卡的"字体"组中设置字体格式为"方正大黑简体，22"后保存报表，如图8-15所示。

图8-15

8.2.2 在设计视图中自定义报表

在布局视图中虽然可以对报表进行布局，但字段的排列方式不够灵活，有一定局限性，还有可能将字段放到页眉中，在设计视图中对报表进行设计则会方便很多。

下面以为"订单管理"数据库中的"订单"表创建一个报表为例，讲解如何在设计视图中设计报表，其具体操作如下。

实例演示 通过设计视图为"订单"数据表创建报表

素材文件	◎素材\Chapter 8\订单管理.accdb
效果文件	◎效果\Chapter 8\订单管理.accdb

Step 01 ❶打开"订单管理"素材，在导航窗格中选择"订单"表，❷在"创建"选项卡的"报表"组中单击"报表设计"按钮，❸在页眉部分绘制一个标签控件，输入"订单信息报表"，并设置字体格式，如图8-16所示。

图8-16

Step 02 单击"报表设计工具 设计"选项卡"工具"组中的"添加现有字段"按钮，❶在打开的"字段列表"窗格中将订单表中需要的字段拖动到报表中进行布局，❷将报表保存为"报表打印"，切换到报表视图即可查看效果，如图8-17所示。

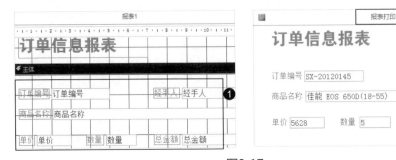

图8-17

8.2.3 创建标签报表

在日常工作中，有时为了方便查看，可能需要将一些信息记录制作成标签的形式，如客户联系方式、员工身份信息，这时就要通过创建标签报表来完成。

下面以在"选择题库"数据库中通过标签报表将"单选题"表中的记录转换为完整地单选题为例，讲解标签报表的创建方法。

实例演示 **根据"单选题"表中的记录创建完整的单选题**

素材文件	◎素材\Chapter 8\选择题库.accdb
效果文件	◎效果\Chapter 8\选择题库.accdb

Step 01 ❶打开"选择题库"素材，❷在导航窗格中选择"单选题"表，❸在"创建"选项卡的"报表"组中单击"标签"按钮，❹在打开的对话框中选择合适的标签尺寸，单击"下一步"按钮，如图8-18所示。

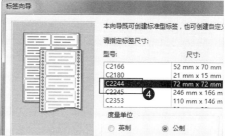

图8-18

Step 02 ❶在打开的对话框中设置字体、字号和文本颜色，单击"下一步"按钮，❷在打开的对话框中设置原型标签（在原型标签中，字段名会使用大括号括起来），单击"下一步"按钮，如图8-19所示。

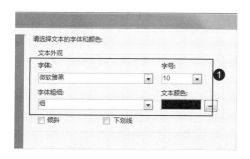
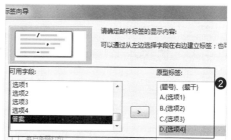

图8-19

Step 03 ❶在打开的对话框中将"可用字段"列表框中的"题号"字段添加到"排序依据"列表框中，单击"下一步"按钮，❷在打开的对话框中设置报表标题为"单选题"，❸选中"修改标签设计"单选按钮，单击"完成"按钮，如图8-20所示。

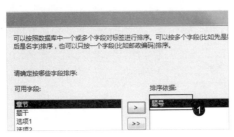

图8-20

Step 04 ❶在设计视图中删除掉"Trim()"函数，并对标签大小、宽度等进行适当调整，❷切换至报表视图即可查看效果，如图8-21所示。

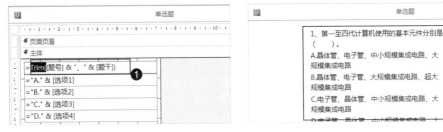

图8-21

8.3 报表的数据管理操作

报表在制作完成后，并不是固定不变的，用户也可以在报表中对数据进行管理如分组、排序或筛选等操作，下面分别进行介绍。

8.3.1 在报表中实现分组和排序

报表的主要功能是数据显示，如果一个报表中的数据显示得杂乱无章，毫无规律，就会使报表的功能受到很大影响。而要使报表中的记录条理分明地显示，使用分组和排序功能很好地解决这个问题。

◆通过快捷菜单实现简单分组和排序

如果用户已经创建了报表，现在需要在其中添加简单的分组或者排序，只需要在报表的布局视图或设计视图中的分组字段上右击，选择"分组形式××"命令，即可实现按照当前选择字段进行简单分组的目的，如图8-22所示。

如果希望报表记录按照某个字段进行排序，在该字段上右击，选择"升序"或者"降序"命令即可。使用这种方法对报表中的记录进行排序，要注意两点，一是如果报表中进行了分组，则排序只能在每一个分组中进行；二是在排序之后又对另一个字段排序，则上一个排序会被覆盖。

图8-22

◆通过"分组、排序和汇总"窗格进行分组排序

如果需要对报表中已有的分组进行修改，或者需要设置较为复杂的分组或排序，就需要在"分组、排序和汇总"窗格中进行。

虽然在报表的设计视图和布局视图中都可以对报表中的记录进行分组和排序设置，但是由于布局视图中可以实时看到对报表中的记录操作的效果，所以在报表的布局视图中进行记录的分组和排序最为合适。

下面以在"员工档案"数据库中为"员工档案"报表添加分组并排序为例，讲解通过"分组、排序和汇总"窗格进行分组排序的操作。

实例演示 通过"分组、排序和汇总"窗格分组排序员工档案

素材文件	◎素材\Chapter 8\员工档案.accdb
效果文件	◎效果\Chapter 8\员工档案.accdb

Step 01 打开"员工档案"素材，打开"员工档案"报表并将其切换到布局视图，❶单击"报表布局工具 设计"选项卡"分组和汇总"组中的"分组和排序"按钮，❷在工作区下方出现的"分组、排序和汇总"窗格中单击"添加组"按钮，如图8-23所示。

图8-23

Step 02 ❶单击分组形成的"选择字段"下拉按钮，❷选择"职称"选项，以"职称"字段作为分组字段，❸单击"分组、排序和汇总"窗格中的"添加排序"按钮可为每一个分组内部的记录设置排序，如图8-24所示。

图8-24

Step 03 ❶单击排序依据的"选择字段"下拉按钮，❷选择"编号"选项，以"编号"字段作为排序字段，❸关闭"分组、排序和汇总"窗格，将报表切换至报表视图或打印视图即可查看最终效果，如图8-25所示。

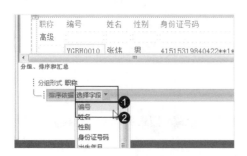

图8-25

默认情况下，报表中数据记录的分组是按照组名进行升序排序的，如果想要对个组的顺序进行排列，在"分组、排序和汇总"窗格中单击"分组形式"栏中的"升序"下拉按钮，选择排序方式即可。

8.3.2 在报表中筛选数据

筛选操作是数据管理的一项基本操作，在Access报表中，也可以直接对报表中的数据进行筛选。通过筛选可以将用户需要查看的记录显示出来。例如，希望查看昨日的销售数据，虽然可以通过分组排序，但也需要从多个组中找到昨日的数据，如果使用数据筛选功能，就可以只返回昨天的记录。

在Access中一般使用筛选器实现数据筛选，常用的筛选器有文本筛选器、数字筛选器和日期筛选器，用法都基本相同。

下面以在"销售清单"数据库中，为"销售清单"报表应用筛选，获得2019年的销售记录为例，讲解在报表中应用筛选器的操作。

实例演示 使用筛选器筛选2019年的产品销售记录

素材文件	◎素材\Chapter 8\销售清单.accdb
效果文件	◎效果\Chapter 8\销售清单.accdb

Step 01 打开"销售清单"素材，打开"销售清单"报表，❶在"销售日期"字段任意单元格上右击，❷在弹出的快捷菜单中选择"日期筛选器/介于"命令，❸在打开的"日期范围"对话框中设置"最早"为"2019/1/1"，❹设置"最近"为"2019/12/31"，❺单击"确定"按钮，如图8-26所示。

图8-26

Step 02 ❶切换至布局视图，打开属性表，在组合框中选择"报表"选项，❷设置"加载时的筛选器"属性值为"是"，❸重新打开报表查看效果，如图8-27所示。

图8-27

TIPS *筛选注意事项*

在默认情况下，报表加载时不会使用筛选器，如果希望报表打开时，报表中显示筛选结果，则Step 02中的操作不能省略。

8.4 在报表中使用控件处理数据

报表中不仅可以进行数据的筛选、排序以及分组等，还可以在报表中使用控件处理数据。这里主要介绍文本框控件和图表控件在报表中的使用方法，因为这两种控件会涉及计算和图表报表。

8.4.1 创建计算控件

与在窗体中创建计算控件一样，在报表中也可以创建计算控件来对报表中的数据进行计算，通常情况下，文本框是最常用的计算和显示数值的控件。

下面以在"档案管理系统"数据库中将给出的员工的出生日期转换为员工的实际年龄为例，介绍计算控件的使用方法。

实例演示 创建计算控件将员工出生日期转换为年龄

素材文件	◎素材\Chapter 8\档案管理系统.accdb
效果文件	◎效果\Chapter 8\档案管理系统.accdb

Step 01 打开"档案管理系统"素材的"员工档案"报表，切换到设计视图，❶在"性别页眉"区域中选择"出生日期"标签，❷将其"标题"属性修改为"年龄"，如图8-28所示。

Step 02 ❶选择"主体"部分的"出生日期"文本框，❷将其"名称"属性改为"年龄"，❸删除"控件来源"文本框中的内容，单击其右侧的按钮，如图8-29所示。

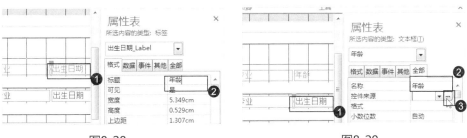

图8-28   图8-29

Step 03 ❶在打开的"表达式生成器"对话框中输入"Year(Date())-Year([出生日期])"，单击"确定"按钮，将控件的对齐方式设置为左对齐，❷切换到报表视图即可查看效果，如图8-30所示。

部门	学历	专业	年龄
技术部	专科	电气	33
销售部	本科	市场营销	33
销售部	专科	市场营销	23
客户部	本科	法律	33
销售部	本科	市场营销	33
销售部	本科	微电子	33

图8-30

8.4.2　使用图表控件创建图表报表

在Access早期版本中是可用数据源直接创建图表报表的，随着Access版本的升级，在Access 2016中，图表报表需要使用图表控件进行创建。

下面以在"市场占有率分析"数据库中创建一个包含市场占有率饼图的图表报表为例，讲解通过图表控件创建图表报表并进行编辑的操作。

实例演示 使用图表控件根据图表数据创建占有率分析图表

素材文件	◎素材\Chapter 8\市场占有率分析.accdb
效果文件	◎效果\Chapter 8\市场占有率分析.accdb

Step 01 ❶打开"市场占有率分析"素材，❷单击"创建"选项卡中的"报表设计"按钮，❸在报表任意位置右击，选择"页面页眉/页脚"命令，取消页面页眉和页脚的显示，如图8-31所示。

图8-31

Step 02 ❶在"报表设计工具 设计"选项卡"控件"组中选择"图表"控件，❷拖动鼠标在主体节中绘制图表，❸在打开的对话框的列表框中选择"表：市场占有率"选项，单击"下一步"按钮，如图8-32所示。

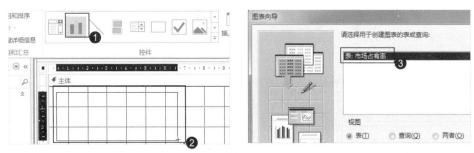

图8-32

Step 03 ❶在打开的对待框中将"可用字段"列表框中的"公司"和"占有率"选项添加到"用于图表的字段"列表框中，单击"下一步"按钮，❷在打开的对话框中选择"饼图"选项，直接单击"完成"按钮，如图8-33所示。

Step 04 在设计视图中双击绘制的控件，❶在打开的图表编辑窗口中单击"图表"菜单项，❷选择"图表选项"命令，❸在打开的"图表选项"对话框中单击"图例"选项卡，❹选中"靠下"单选按钮并进行保存，如图8-34所示。

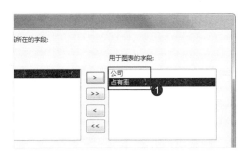

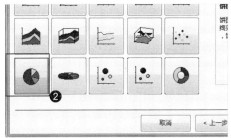

图8-33

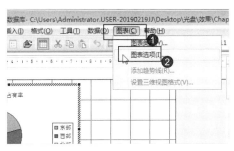

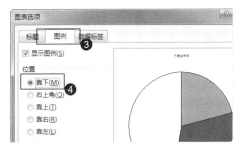

图8-34

Step 05 ❶选择图表标题，❷设置字体格式为"华文隶书，16"，❸单击任意非图表控件位置退出图表编辑窗口，❹将报表保存为"市场占有率"，切换到报表视图即可查看效果，如图8-35所示。

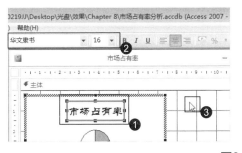

图8-35

实战演练

制作"期刊订阅情况"报表

在本节主要介绍了如何创建报表、编辑报表、报表数据管理以及在报表中使用控件处理数据等，下面通过创建"期刊订阅情况"报表并进行设置为例，对本章介绍的知识进行巩固。

素材文件	◎素材\Chapter 8\期刊管理\
效果文件	◎效果\Chapter 8\期刊管理\

Step 01 ❶打开"期刊管理"素材，❷选择"期刊订阅情况"查询，❸单击"创建"选项卡中的"报表"按钮，在打开的提示对话框中单击"确定"按钮创建报表并切换到布局视图，❹在"订户名"字段中右击，选择"分组形式 订户名"命令，并对其位置进行调整，如图8-36所示。

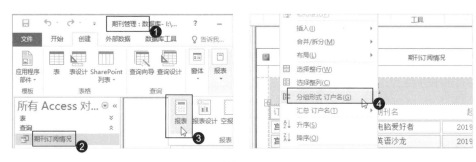

图8-36

Step 02 ❶切换到设计视图，单击"报表设计工具 设计"选项卡中的"分组和排序"按钮，在"分组、排序和汇总"窗格中单击"更多"按钮，❷单击"无页脚节"下拉按钮，❸选择"有页脚节"选项，❹在"订户名页脚"节中添加一个文本框控件，输入表达式"=Sum([订阅份数]*[单价])"，如图8-37所示。

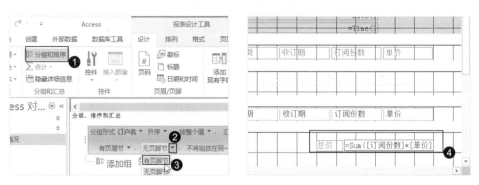

图8-37

Step 03 ❶打开属性表，将对象选择为"报表"，❷设置图片类型为"链接"，设置"图片"为"背景.png"，设置"图片平铺"属性为"是"，"图片缩放模式"为"水平拉伸"，❸将属性表对象选择为"主体"，❹设置"备用背景色"属性为"无颜色"，对订户名页脚节的该属性也进行相同设置，如图8-38所示。

图8-38

Step 04 ❶将报表中所有控件对象的"背景样式"和"边框样式"属性设置为"透明"，❷选择"单价"和计算总价的文本框部分，❸单击"报表设计工具 格式"选项卡中的"应用货币格式"按钮，如图8-39所示。

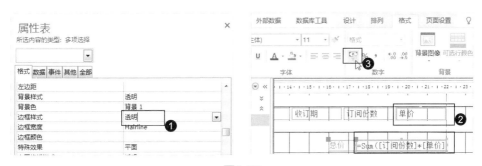

图8-39

Step 05 ❶选择徽标控件，在属性表中添加图片文件并设置格式，❷切换至布局视图，选择计算总价的文本框及其附属标签，设置其格式，如图8-40所示。

图8-40

Step 06 ❶单击"报表设计工具 设计"选项卡中的"主题"下拉按钮，❷选择需要的主题选项，❸将报表标题修改为"期刊订阅情况"保存报表，切换到报表视图即可查看到最终效果，如图8-41所示。

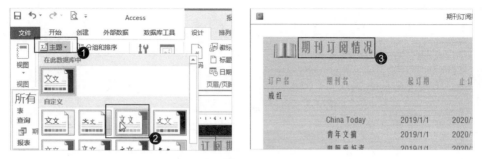

图8-41

第9章
借助宏实现自动化操作

宏是一个或多个操作的集合，当在一个数据库中有许多的重复操作时就可以使用宏来完成，这样可以有效减少工作量、提高工作效率，因此用户需要掌握与宏相关的操作。

宏的基本概念

宏的作用与结构
宏的3种类型

宏的创建与执行

标准宏的创建和执行
事件宏的创建和执行
数据宏的创建和执行
创建自动启动宏
......

调整和编辑宏

调试宏
宏操作的复制和执行顺序调整
运行宏
......

201

▼ Excel和Access对比学：宏的使用问题

1. Excel中以录制方式创建宏

在Excel中可以通过录制宏的方法实现一些简单的操作，例如设置字体格式、添加边框等，这样可以简化用户操作，节约时间。

例如，想要通过宏实现为单元格设置字体格式，则首先需要录制宏，选择A1单元格，单击"开发工具"选项卡中的"录制宏"按钮，在打开的对话框中设置宏名、快捷键，单击"确定"按钮，如图9-1所示。

图9-1

之后进行设置单元格格式的操作，完成后切换到"开发工具"选项卡中单击"停止录制"按钮，完成录制，最后将工作簿以".xlsm"格式进行保存即可，如图9-2所示。

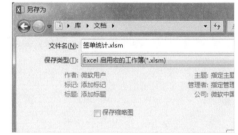

图9-2

2. Excel中的复杂宏操作要编写VBA代码

使用宏录制器只能实现一些简单的功能，对于比较复杂的功能，只能通过编写VBA代码来完成。在Excel中，VBA代码的编写和运行都是在VBA编辑器（即VBE窗口）中进行的，这一点与Access相似。

例如，要使用宏计算如图9-3所示的化妆品销售额，则可以添加按钮，通过编写VBA代码为按钮设置计算销售额的宏操作实现。

图9-3

3. Access中以可视化编辑操作创建宏

在Excel中无论是录制宏实现某些简单操作，还是通过VBA代码实现复杂操作，都是通过操作或代码直接生成宏，而无法对宏进行细致的可视化操作，存在一定的局限性。尤其对于非计算机专业的初学者，学习起来相对困难。

在Access中创建宏后，可在设计视图中对其进行可视化编辑，用户只需要根据提示或者向导进行操作即可，方便用户更加准确地设计宏。如图9-4所示为以数据表视图打开的"订单明细"查询的自启动宏。

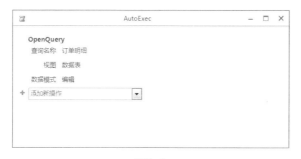

图9-4

9.1 宏的基本概念

Access中的宏是一种可用于自动执行任务及向表单、报表和控件添加功能的工具。在Access中，能够使用到宏的地方特别多，例如建立独立的标准宏、在事件中使用标准宏等。

9.1.1 宏的作用与结构

在具体学习宏的使用和相关操作之前，用户首先需要对宏的作用和结构有一定的了解。

◆ 宏的作用

在Access中使用宏可完成较多的功能，简化用户操作，下面具体介绍宏可以实现的操作。

①打开、关闭窗体、报表等，打印报表，执行查询。

②筛选、查找记录（将一个过滤器加入列记录集中）。

③模拟键盘动作，或是为对话框或别的等待输入的任务提供字符串的输入。

④显示信息框，响铃警告。

⑤移动窗口，改变窗口大小。

⑥实现数据的导入、导出。

⑦定制菜单（在报表、表单中使用）。

⑧执行任意的应用程序模块。

⑨为控件的属性赋值。

◆ 宏的结构

从Access 2010开始，宏生成器经过重新设计，可让用户更轻松地创建、修改和共享Access宏，Access 2016更是在此基础上进行了改进，非常方便用户使用。

在Access中，宏一般是由一个个的操作构成，在这些操作中，可以具体设置操作参数，如操作对象等。

如果有必要，还可以为宏中的操作设置操作执行的条件、添加宏名称等。如图9-5所示为一个包含宏名称和宏操作的宏。

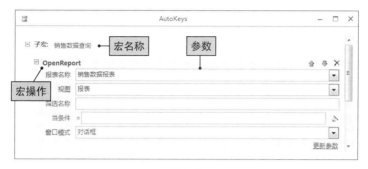

图9-5

9.1.2　宏的3种类型

Access中的宏主要有3种类型，分别是只有一个操作的独立宏、多个宏共同作用的宏组以及有条件约束的条件宏。下面分别对这3种类型的宏进行介绍。

◆只有一个操作的独立宏

独立宏是最简单的一种宏，是包含一系列操作的一段代码的结合，在Access 2016中，可以通过窗体的形式看到独立宏的具体功能是什么，如图9-6所示。

图9-6

从图中可以看出，该宏的主要功能是打开窗体（"OpenForm"），打开的窗体名称为"登录"窗体，打开后窗体自动切换到窗体视图。

◆多个宏共同作用的宏组

宏组是由多个相互关联的独立宏组成的一个集合，它是为了完成特定的功能，将具有相似功能的宏组成一个宏组，它可以完成一系列的复杂操作，简化用户通过鼠标和键盘的操作来执行的任务。如图9-7所示为一个包含两个独立宏的宏组。

图9-7

从图中可以看出，这个宏组的名称为"AutoKeys"，在宏组中包含了两个子宏，分别是"打开表（打开'销售数据'表）"和"打开报告（打开'销售数据报表'报表）"。

◆有条件约束的条件宏

有条件约束的宏是指满足特定条件时才执行相应操作的宏，其中特定条件是运算结果为"True"或"False"值的逻辑表达式，表达式的值的真假决定了是否执行宏中指定的操作，其执行过程如图9-8所示。

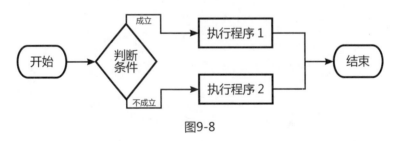

图9-8

如图9-9所示为包含了条件约束的宏。

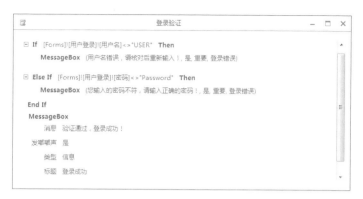

图9-9

从图中可以看出，该宏在单击窗体上的"登录"按钮时，判断窗体上的"用户名"文本框的值是否等于"USER"，如果是，判断窗体上的"密码"文本框的值是否等于"Password"，如果是，显示"验证通过，登录成功！"文本，否则打开消息框，提示用户输入的用户名或密码不正确，要求重新输入。

9.2　宏的创建与执行

虽然宏的类型从结构上可以分为3种，但是从宏的存在形式和执行方式的不同，还可以细化出许多类型。本节将着重介绍5种宏的创建、执行方法及其对应的效果，分别是标准宏、事件宏、数据宏、自动启动宏以及通过快捷键执行的宏。

9.2.1　标准宏的创建和执行

标准宏是数据库对象之一，它和数据表、窗体、查询、报表等其他对象一样，拥有单独的名称。

在Access中创建宏的方法与创建其他对象的方法基本相同，直接单击"创建"选项卡"宏与代码"组中的"宏"按钮，即可创建一个标准宏，如图9-10所示。

图9-10

创建宏后要想实现预定的操作，还需要按照顺序添加需要的宏操作才能实现。在标准宏中添加宏操作的方法不仅简单，而且十分灵活，具体方法如下所示。

◆ **在"添加新操作"列表框中选择**：在"添加新操作"列表框中选择一个需要的宏操作即可添加宏操作，如图9-11所示。

图9-11

◆ **在"操作目录"窗格中选择**：在"操作目录"窗格中双击需要添加到标准宏中的宏操作即可，如图9-12所示。

图9-12

◆ **将对象拖动到标准宏中**：如果需要在标准宏中执行的是打开导航窗格中的

对象的操作，只需要将对象拖动到标准宏中即可，如图9-13所示。

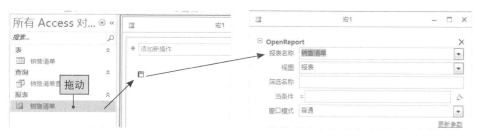

图9-13

在标准宏中添加宏操作之后，就需要为其设置参数，完成宏参数设置后即可执行宏。

下面以在"订单"数据库中新建"添加订单"宏，通过该宏可以打开一个数据表，在该表中可以向"百货订单"表中添加新的记录为例，讲解创建宏、添加宏操作、设置宏参数和执行宏的方法。

实例演示 创建宏向"百货订单"表中添加新的记录

素材文件	◎素材\Chapter 9\订单.accdb
效果文件	◎效果\Chapter 9\订单.accdb

Step 01 打开"订单"素材，❶单击"创建"选项卡中的"宏"按钮，❷选择导航窗格中的"百货订单"表，❸将其拖动到标准宏中，在标准宏中添加"OpenTable"宏操作，如图9-14所示。

图9-14

Step 02 ❶单击"数据模式"下拉按钮，❷选择"增加"选项，❸按【Ctrl+S】组合键，在打开的对话框中输入"添加订单"文本，❹单击"确定"按钮，如图9-15所示。

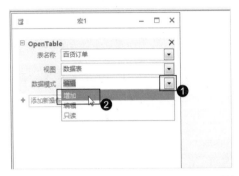

图9-15

Step 03 ❶双击导航窗格中的"添加订单"标准宏，打开"百货订单"表，❷在该表中输入数据（该表中只可输入数据），最后关闭表，如图9-16所示。

Step 04 ❶双击导航窗格中的"百货订单"数据表，❷即可查看到添加的新数据，如图9-17所示。

图9-16 　　　　　　　　　　　　　　图9-17

9.2.2　事件宏的创建和执行

在对象的事件属性中，可以使用宏来执行各种操作。在事件中使用宏的方式主要有两种。一种是在对象的属性中使用已经创建的标准宏；另一种是在对象的事件属性中使用宏生成器生成宏。

需要注意的是，通过上述方法生成的宏不会作为一个单独的对象出现在导航窗格中。

下面以在"工资管理系统"数据库中双击"工资结算"窗体中的"职务工资"和"职称工资"文本框时，弹出对应的工资标准窗体为例，讲解通过属性框启动宏生成器添加事件宏的方法。

实例演示 使用事件宏打开对应需要查看的窗体

素材文件	◎素材\Chapter 9\工资管理系统.accdb
效果文件	◎效果\Chapter 9\工资管理系统.accdb

Step 01 打开"工资管理系统"素材,以设计视图打开"工资结算"窗体,打开属性表,❶选择"职务工资"文本框,❷单击"双击"事件属性框右侧的按钮,如图9-18所示。

Step 02 在打开的对话框中选择"宏生成器"选项,单击"确定"按钮,如图9-19所示。

图9-18   图9-19

Step 03 ❶在打开的宏生成器中添加"OpenForm"宏操作,设置"窗体名称"参数为"职务工资标准",❷设置"窗口模式"参数为"对话框",保存并关闭窗口,❸按照前3步的操作方法,为"职称工资"文本框添加双击事件,如图9-20所示。

图9-20

Step 04 关闭并保存事件宏，将"工资结算"窗体切换至窗体视图，❶双击"职务工资"文本框，❷可打开"职务工资标准"对话框，如图9-21所示。

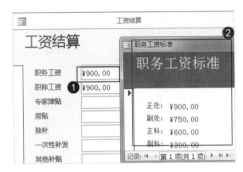

图9-21

TIPS 为对象添加单击事件

如果只是为对象添加单击事件，可以直接在对象上右击，选择"事件生成器"命令进行添加即可。

9.2.3 数据宏的创建和执行

数据宏是Access 2010之后版本中新增的功能，该功能允许用户在表事件（如添加、更新或删除数据等）中添加逻辑。

在Access中，支持两种形式的数据宏，即事件驱动的数据宏和已命名的数据宏。其中，事件驱动的数据宏与表中数据的添加、更新或删除等事件相关联，即当在表中添加、更新或删除数据时，这些宏就会执行。而已命名的数据宏与特定表有关，但与特定事件无关，用户可以从任何其他数据宏或标准宏调用已命名的数据宏。

创建数据宏的位置与创建标准宏、事件宏等都有所不同。图9-22所示为在表的数据表视图和设计视图中创建数据宏的位置。

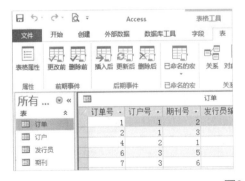

图9-22

下面以在"销售清单"数据库的"销售清单"表中添加数据宏，使得销售清单中只能保存最近3个月的销售记录，早期的销售记录直接删除为例，讲解数据宏的创建方法和效果。

实例演示 **使用数据宏删除最近3个月以外的销售记录**

素材文件	◎素材\Chapter 9\销售清单.accdb
效果文件	◎效果\Chapter 9\销售清单.accdb

Step 01 打开"销售清单"素材，❶打开"销售清单"表，❷单击"表格工具表"选项卡中的"已命名的宏"下拉按钮，❸选择"创建已命名的宏"选项，如图9-23所示。

Step 02 在打开的宏生成器中添加"ForEachRecord"宏操作，❶选择操作对象为"销售清单"表，❷单击 按钮打开表达式生成器，如图9-24所示。

图9-23　　　　　　　　　　　　　　　　图9-24

Step 03 ❶在打开的对话框中输入表达式，单击"确定"按钮，❷在返回的宏生成器中单击新建宏操作内部的"添加新操作"下拉按钮，❸选择"DeleteRecord"选项，删除满足条件的所有记录，如图9-25所示。

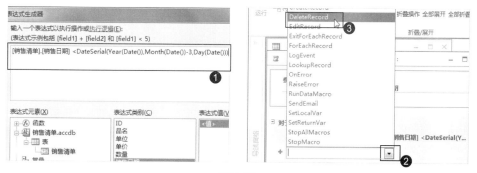

图9-25

Step 04 按【Ctrl+S】组合键，❶在打开的对话框中输入"删除3个月前的销售记录"文本，❷单击"确定"按钮，如图9-26所示。

Step 05 关闭当前创建的数据宏，单击"创建"选项卡中的"宏"按钮，创建一个标准宏，如图9-27所示。

图9-26

图9-27

Step 06 打开"操作目录"窗格，❶在"在此数据库"文件夹中选择"删除3个月前的销售记录"宏，❷将其拖动到标准宏中，如图9-28所示。

Step 07 按【Ctrl+S】组合键，❶在打开的对话框中输入保存宏的名称，❷单击"确定"按钮，如图9-29所示。

图9-28

图9-29

Step 08 关闭创建的标准宏，并在导航栏中双击即可运行，效果如图9-30所示。

		销售清单				
	品名	单位	单价	数量	销售日期	
1	电暖手袋	个	¥46.80	50	2019/11/29	
2	得力 特重型订书机	个	¥118.50	1	2020/1/21	
除的	#已删除的	#已删除	#已删除的	#已删除的	#已删除的	
4	得力 商务型订书机附起钉器0326（25页）	个	¥10.60	10	2020/2/22	
5	可得优 笔型除针器5096/5092	个	¥2.90	10	2019/12/4	
6	益而高 订书针2317（23/17）10盒/包	盒	¥6.90	50	2019/10/6	
7	得力 15mm黑色长尾夹9546（12个/盒）	盒	¥1.50	50	2020/2/16	
8	得力 19mm黑色长尾夹9545（12个/盒）	盒	¥1.60	50	2020/2/9	
9	得力 102mm山形白钢夹9532（3只/袋）	个	¥2.10	50	2019/11/13	
10	得力 32mm黑色长尾夹9543（12个/盒）	盒	¥3.40	50	2019/9/20	
除的	#已删除的		#已删除	#已删除的	#已删除的	#已删除的

图9-30

TIPS 已命名数据宏不能直接执行

已命名的数据宏是不能够直接执行的，需要在其他地方（比如其他的宏、VBA代码中）执行。而事件驱动的数据宏则会在事件发生时运行，不需要通过其他方式（作为宏，事件驱动的数据宏也可以在其他宏或VBA代码中引用）。

9.2.4 创建自动启动宏

如果在首次打开数据库时需要执行指定的操作，就可以使用一个名为AutoExec的特殊宏。该宏可以在首次打开数据库时执行一个或一系列预定操作。

打开数据库时，Access将查找自动启动宏，找到了就执行。实际上AutoExec宏也是一个标准宏，只是由于其拥有特殊的名称和功能而显得不同，其具体创建方法与标准宏完全相似，如图9-31所示。

图9-31

图9-31创建了一个AutoExec宏，每当数据库启动时就会以编辑模式打开"订单明细"查询，如图9-32所示。

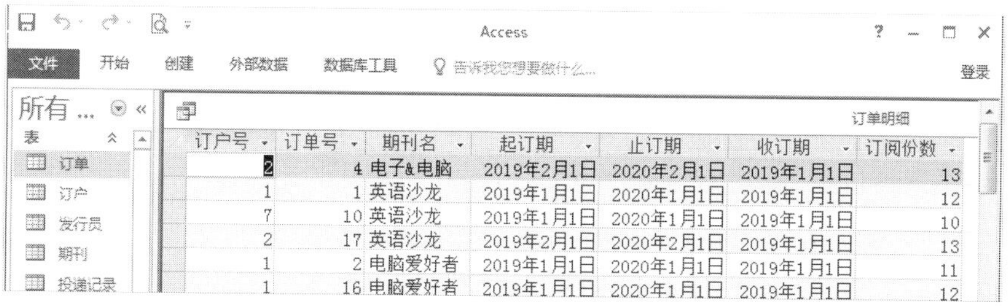

图9-32

9.2.5 创建通过快捷键执行的宏

在Access中，用户如果希望通过快捷键执行某些操作，可以将相应的操作设置到一个名为AutoKeys的宏中，并且为每一个需要使用快捷键的宏设置一个宏名，这个宏名就是指定的快捷键，这些快捷键的指定需要使用表9-1所示的结构。

表9-1

快捷键结构	对应的组合件
^+ 字母、数字或功能键	Ctrl+ 对应的字母、数字或功能键，如 ^C 对应的快捷键为【Ctrl+C】
{ 功能键 }	对应具体的功能键，如 {F1} 对应的快捷键是功能键【F1】
+{ 功能键 }	Shift+ 对应的功能键，如 +{F1} 对应的快捷键为【Shift+F1】

下面以在"销售数据查阅"数据库中创建AutoKeys宏，实现通过【Ctrl+K】组合键打开"销售数据报表"报表并屏蔽快捷键【Ctrl+C】为例，讲解通过快捷键执行宏的方法。

实例演示 通过快捷键打开报表并屏蔽【Ctrl+C】快捷键

素材文件	◎素材\Chapter 9\销售数据查阅.accdb
效果文件	◎效果\Chapter 9\销售数据查阅.accdb

Step 01 打开"销售数据查阅"素材，创建一个标准宏，按【Ctrl+S】组合键，❶在打开的对话框中输入"AutoKeys"，❷单击"确定"按钮，如图9-33所示。

Step 02 ❶双击"操作目录"窗格中的"Submacro"程序流程，创建一个子宏，❷设置子宏名为"^K"，即可使用【Ctrl+K】组合键运行该宏，如图9-34所示。

图9-33

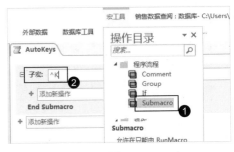

图9-34

Step 03 继续在子宏中添加一个以对话框模式打开的"销售数据报表"报表的宏操作，如图9-35所示。

Step 04 继续在AutoKeys宏中添加一个名为"＾C"的宏（双击"操作目录"窗格中的"Submacro"目录），该宏中不设置任何操作，如图9-36所示。

图9-35　　　　　　　　　　　　　　　图9-36

9.2.6　创建条件宏

创建条件宏需要在设计视图中添加"条件"列，在"条件"列中设置相应条件。在运行宏时，只有符合这些条件时，系统才执行相应的宏操作，而条件判断多数是通过IF语句来实现的。

例如，要创建一个条件宏，来判断用户在文本框中输入的用户名是否为"USER"，密码是否为"Password"，并根据判断结果显示不同的对话框，可按如下操作进行。

实例演示 创建条件宏判断输入的用户名和密码是否正确

素材文件	◎素材\Chapter 9\信息查询系统.accdb
效果文件	◎效果\Chapter 9\信息查询系统.accdb

Step 01 ❶打开"信息查询系统"素材，❷单击"创建"选项卡下的"宏"按钮，如图9-37所示。

Step 02 ❶在打开的宏生成器中单击"添加新操作"下拉按钮，❶选择"If"选项，如图9-38所示。

| 图9-37 | 图9-38 |

Step 03 ❶在新增的IF操作文本框右侧单击"单击以调用生成器"按钮，❷在打开的对话框中输入"Forms![用户登录]![用户名] <> "USER""，如图9-39所示，单击"确定"按钮。

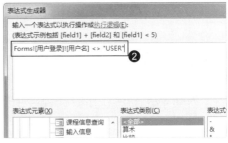

图9-39

Step 04 ❶返回宏编辑窗口，单击"添加新操作"下拉列表框右侧的下拉按钮，❷选择"MessageBox"选项，❸在"消息"文本框中输入消息框显示的文本，❹单击"类型"下拉列表框右侧的下拉按钮，❺选择"重要"选项，如图9-40所示。

图9-40

Step 05 ❶在"消息"文本框中输入消息对话框的标题文本，❷单击"添加Else IF"超链接，添加条件判断，❸在新增的Else IF操作文本框右侧单击"单击以调用生成器"按钮，如图9-41所示。

图9-41

Step 06 ❶用同样的方法输入"Forms!\[用户登录\]!\[密码\] <> "Password""表达式，单击"确定"按钮，❷单击"Else IF"栏下的"添加新操作"下拉列表框右侧的下拉按钮，选择"MessageBox"选项，再添加一个消息框，设置要显示的文本，如图9-42所示。

图9-42

Step 07 ❶单击窗口中最末尾的"添加新操作"下拉列表框右侧的下拉按钮，再次添加一个"MessageBox"操作，设置其消息为登录成功的样式，❷单击"保存"按钮，在打开的"另存为"对话框中为宏输入一个名称，❸单击"确定"按钮保存创建的宏，如图9-43所示。

图9-43

9.2.7 为多个宏操作分组

宏组的创建与独立宏的创建方法基本相同，仅是将几个功能相互独立的宏组合在一起，以同一个宏名进行保存。

下面以在"工资管理"数据库中创建包含打开一个窗体，打开一张表以及关闭一个窗口等操作的宏组为例，具体介绍宏组的创建方法。

实例演示 在"工资管理"数据库中创建宏组实现多个操作

素材文件	◎素材\Chapter 9\工资管理.accdb
效果文件	◎效果\Chapter 9\工资管理.accdb

Step 01 ❶打开"工资管理"素材，❷单击"创建"选项卡下的"宏"按钮，如图9-44所示。

Step 02 ❶在打开的宏生成器中单击"添加新操作"下拉按钮，❶选择"OpenForm"选项，如图9-45所示。

图9-44　　　　　　　　　　图9-45

Step 03 ❶设置窗体名称为"工资结算"，❷设置数据模式为"只读"，❸在"操作目录"任务窗格中双击"OpenTable"选项，添加一个打开表的操作，如图9-46所示。

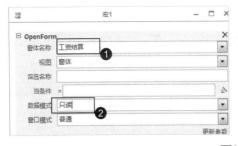

图9-46

Step 04 ❶设置表名称为"工资结算"，❷设置视图为"打印预览"，如图9-47所示。

Step 05 在"操作目录"窗格中双击"ColseWindow"选项，添加一个新的操作，如图9-48所示。

图9-47   图9-48

Step 06 ❶设置对象类型为"窗体"，❷设置对象名称为"工资结算"，如图9-49所示。

Step 07 单击"保存"按钮，❶在打开的对话框中输入宏组的名称，❷单击"确定"按钮，如图9-50所示。

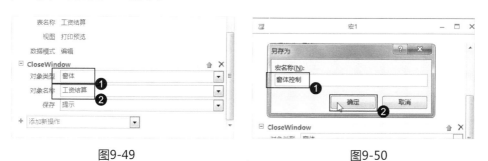

图9-49   图9-50

9.3 调整和编辑宏

用户除了要知道如何创建宏，还需要对其他的宏相关的基础知识有所了解，例如调试宏、复制宏、调整宏顺序以及运行宏等。

9.3.1 调试宏

通过"单步"执行功能可以对创建的宏进行调试。"单步"执行功能一次只能运行宏的一个操作，这样就能方便地观察宏的运行流程和运行结果，并快速找出宏中的错误进行修改。

要对某个宏进行调试，可打开该宏，进入宏的设计视图中，自动激活"宏工具 设计"选项卡，❶在"工具"组中单击"单步"按钮，使其呈按下状态，❷单击"运行"按钮开始宏的调试工作，在打开的"单步执行宏"对话框中将显示当前宏执行的过程，❸单击"单步执行"按钮，执行宏的一步操作，如图9-51所示。

图9-51

如果宏中某一步操作有错误，将在单步执行过程中停止并显示错误号，此时可单击"单步执行宏"对话框中的"停止所有宏"按钮，停止宏的执行，用户可以根据错误号提示对宏进行相应的更改。

TIPS | "继续"按钮的作用

在使用单步执行功能对宏进行调试的时候，在"单步执行宏"对话框中有一个"继续"按钮，如果单击该按钮，则Access会从宏的当前代码开始，执行其后的所有代码，即跳过单步执行的过程。

9.3.2 宏操作的复制和执行顺序调整

如果用户设置的宏中有多个相似的宏操作，那么用户可以通过复制的方式，快速得到多个相同的宏操作，最后对复制的宏操作进行修改即可快速完成。

复制宏操作的方法比较简单，选择需要复制的宏操作，在宏操作名称栏右击，选择"复制"命令执行复制宏操作（或按【Ctrl+C】组合键也可快速复制）。右击，选择"粘贴"命令（或按【Ctrl+V】组合键）执行粘贴操作完成复制宏的整个操作，如图9-52所示。

图9-52

如果用户需要对宏操作的顺序进行调整，可以在宏操作名称栏右击，选择"上移"或"下移"命令即可，如图9-53所示；或是选择需要移动的宏操作，然后单击 （上移）按钮或 （下移）按钮即可进行移动，如图9-54所示。

图9-53　　　　　　　　　　　　　　　图9-54

9.3.3　运行宏

对宏完成调试后，要运行宏才能使宏中保存的操作起作用，而运行宏的方式有很多种，既可以直接运行，也可以将宏指定的给控件来运行。这里主要介绍如何直接运行宏，而宏指定给控件的运行方法将在下一节中进行讲解。

直接运行宏的方法主要有以下4种。

◆ **双击运行宏**：如果宏是以对象的形式保存在数据库中的，则可以在"导航窗格"中双击对应的宏对象开始运行宏。

◆ **通过快捷菜单运行：** 如果宏是以对象的形式保存在数据库中的，❶则可以在"导航窗格"中对应的宏对象上右击，❷在弹出的快捷菜单中选择"运行"命令来运行宏，如图9-55所示。

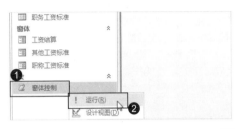

图9-55

◆ **在宏的设计视图中运行：** 如果是在宏的设计视图中，则可以切换到"宏工具 设计"选项卡，在"工具"组中单击"运行"按钮运行宏（此操作与调试宏的操作较为相似，应注意"单步"按钮的状态）。

◆ **通过对话框运行：** 打开包含宏的数据库，切换到"数据库工具"选项卡，❶在"宏"组中单击"运行宏"按钮，❷在打开的对话框的"宏名称"下拉列表中选择要运行的宏，❸单击"确定"按钮即可，如图9-56所示。

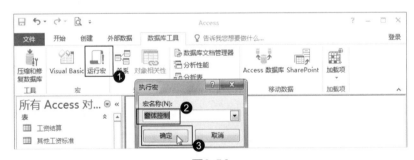

图9-56

9.4 将创建的宏指定给控件

很多宏并不会直接运行，而是通过窗体或报表上的一些控件来进行触发。要通过控件来运行宏，就需要将宏指定给控件的某个事件，或者直接对控件的某个事件创建宏。

9.4.1 将存在的宏指定给控件的某个事件

如果完成某项功能的宏已经创建好并以对象的形式保存在数据库中，而要通过某个控件来触发此宏，则可以将这个宏指定给控件的一个事件，当该控件触发相应的事件时，将自动执行指定的宏。

下面将已经创建好的"登录验证"宏指定给窗体上的"登录"按钮，使用户在窗体上单击"登录"按钮时执行宏为例，介绍将宏指定给控件的某个事件的方法。

实例演示 **将"登录验证"宏指定给"登录"按钮**

素材文件	◎素材\Chapter 9\信息管理.accdb
效果文件	◎效果\Chapter 9\信息管理.accdb

Step 01 打开"信息管理"素材，❶双击导航窗格中的"用户登录"窗格打开该窗格，❷单击"开始"选项卡下的"视图"下拉按钮，❸选择"设计视图"选项，如图9-57所示。

Step 02 ❶在打开的"用户登录"窗体中单击"登录"按钮，❷在"属性表"窗格的"事件"选项卡中单击"单击"事件右侧的下拉按钮，❸选择"登录验证"选项，如图9-58所示。

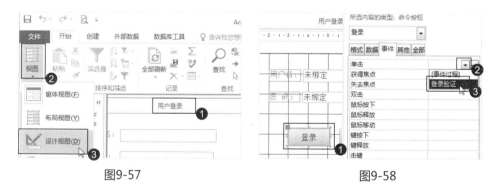

图9-57　　　　　　　　　　　　　图9-58

Step 03 完成宏指定的操作后，切换到窗体视图，❶在"用户名"文本框中输入"USER"文本，❷在"密码"文本框中不输入文本或输入错误的文本，❸单击"登录"按钮，❹程序将弹出提示对话框，提示密码输入错误，如图9-59所示。

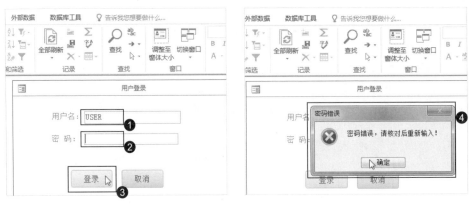

图9-59

9.4.2 通过宏生成器创建并指定新宏

在设计窗体的时候，如果要想在窗体中单击某控件或者是控件的其他事件中触发某个宏，而这个宏现在还没有创建，则可以直接通过宏生成器创建新宏并指定给目标控件。

下面以在"薪资管理"数据库中的查询窗体中，根据用户输入的表名称，单击其中的"打开表"按钮，实现打开对应的数据表为例，具体介绍通过宏生成器创建并制定新宏。

实例演示 通过宏生成器创建新宏查询数据

素材文件	◎素材\Chapter 9\薪资管理.accdb
效果文件	◎效果\Chapter 9\薪资管理.accdb

Step 01 打开"薪资管理"素材，❶在"表格查询"窗体上右击，❷在弹出的快捷菜单中选择"设计视图"命令，打开"表格查询"窗体并切换到设计视图，如图9-60所示。

Step 02 ❶在打开的查询设计窗口中选择"打开表"按钮，按【F4】键，❷在打开的"属性表"窗体中单击"事件"选项卡，❸在"单击"栏中的单击⊡按钮，如图9-61所示。

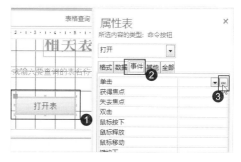

图9-60　　　　　　　　　　　　　　　　　　图9-61

Step 03 在打开的"选择生成器"对话框中选择"宏生成器"选项，单击"确定"按钮启动该按钮的嵌入式宏代码生成窗口，如图9-62所示。

Step 04 ❶在"操作目录"任务窗格中展开"数据库对象"目录，选择"OpenTable"选项，❷将其拖动到新创建的宏，如图9-63所示。

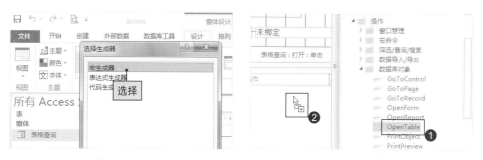

图9-62　　　　　　　　　　　　　　　　　　图9-63

Step 05 ❶在"表名称"文本框中输入"=[Combo2]"文本，❷在"数据模式"下拉列表中选择"只读"选项，如图9-64所示。

Step 06 关闭宏代码生成器窗口，在打开的提示对话框中单击"是"按钮保存宏，如图9-65所示。

图9-64　　　　　　　　　　　　　　　　　　图9-65

Step 07 切换到窗体视图，❶在"选择或输入要查询的表名称"组合框中选择"员工信息"选项，❷单击"打开表"按钮，❸即可打开对应的数据表，如图9-66所示。

图9-66

使用宏实现登录窗体的功能

在本章主要介绍了如何使用宏实现一些基本操作，包括创建宏、调整宏以及将宏指定给控件等，这里使用宏完善登录窗体的一些功能，实现数据验证，登录成功弹出窗体等，对本章介绍的知识进行巩固。

素材文件	◎素材\Chapter 9\登录窗体.accdb
效果文件	◎效果\Chapter 9\登录窗体.accdb

Step 01 打开"登录窗体"素材，❶创建一个标准宏，按【Ctrl+S】组合键，将其保存为AutoExec宏，❷在打开的宏窗口中添加一个"OpenForm"宏操作，设置以对话框模式打开"登录"窗体，如图9-67所示。

图9-67

Step 02 以设计视图打开"登录"窗体，❶在"登录"按钮上右击，选择"事件生成器"命令，在打开的对话框中双击"宏生成器"选项，❷在打开的宏生成器中添加If流程，❸单击"单击以调用生成器"按钮，如图9-68所示。

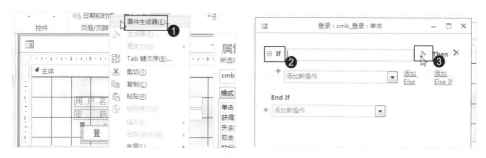

图9-68

Step 03 ❶在打开的"表达式生成器"对话框中输入表达式，判断用户名和密码是否为空，❷在宏中添加一个MessageBox宏操作，表示在用户名或密码没有输入时弹出消息框，如图9-69所示。

图9-69

Step 04 ❶单击"添加Else IF"超链接，在添加的Else IF块中判断用户名是否正确，不正确时弹出消息框，❷单击"添加Else IF"超链接，在添加的Else IF块中判断密码输入是否正确，不正确时弹出消息框，如图9-70所示。

图9-70

Step 05 ❶单击"添加Else"超链接，在添加的Else块中添加打开"欢迎窗体"窗体的宏操作，然后保存并关闭宏，❷在"取消"按钮上右击，选择"事件生成器"命令，在打开的对话框中双击"宏生成器"选项，如图9-71所示。

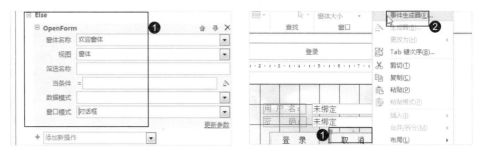

图9-71

Step 06 ❶在打开的宏生成器中添加一个CloseWindow宏操作，表示单击"取消"按钮关闭窗体，❷关闭并重新打开数据库，"登录"窗体自动打开，在其中输入用户名和密码，单击"登录"按钮，即可弹出欢迎窗体，如图9-72所示。

图9-72

第10章
VBA编程的基本操作

在Access中使用VBA进行编程，可以规范用户的操作，控制用户的操作行为。使用户不局限于对表、查询、窗体等的基本操作，从而快速实现多步操作。

VBA的编程基础

了解常用数据类型
认识VBA中的常量
变量的定义与赋值
认识VBA中的标准函数

认识流程控制语句

选择控制语句
循环控制语句
错误处理语句

认识对象和事件

Access事件类型
窗体和报表事件
……

▼ **Excel和Access对比学：VBA操作的对象有哪些**

1. Excel VBA操作哪些对象

VBA是Microsoft Office产品的二次开发内置语言，其基本的语法与Microsoft的VB是一样的。

VBA程序由若干条VBA语句构成，每一条语句都是能够完成某项操作的命令。通过编写VBA代码，可以大大扩充应用程序的使用功能，让工作更加智能化和自动化。

在Excel中使用VBA可以操作的对象有如下一些。

◆ Application：Excel应用程序对象，最顶层的对象。

◆ Workbook：工作簿对象。

◆ Worksheet：工作表对象。

◆ Range：单元格区域对象。

◆ Window：窗口对象。

◆ ActiveWorkbook：活动工作簿。

◆ ActiveSheet：活动工作表。

◆ ActiveWindow：活动窗口。

◆ Selection：Excel所选对象。

◆ Cells：工作表或区域的所有单元格。

2. Access VBA的操作对象

Access与Excel同属于Microsoft Office，因此二者的语法和用法都是一样的，与Excel VBA不同，在Access中，可操作的对象主要包括数据库对象，例如窗体、查询、报表等。

10.1　了解VBA的编程环境

Access利用Visual Basic编辑器（VBE）来编写过程代码，VBE就是VBA的编辑窗口，所有的VBA操作都在VBE里完成。

使用VBE编辑器可以创建过程，也可以编辑已有过程，如图10-1所示为VBE编程界面。

图10-1

下面分别对各部分的作用进行介绍。

◆ **工程资源管理器窗口**：主要用来管理数据库中的对象，如窗体、模块和类模块等。

◆ **属性窗口**：有工程资源管理器中所选对象的所有属性及属性的值，用户可以对属性的值进行查询和修改。

◆ **对象组合框**：显示的是当前鼠标光标所在位置代码作用的对象，并可以通过该组合框为指定对象添加事件代码等。

◆ **过程组合框**：显示当前鼠标光标所在位置代码作用的对象的事件或过程；可以在选择对象后再次选择组合框中相应过程或事件创建相应的过程或事件程序。

◆ **代码窗口**：是输入与显示代码的主要场所。

10.2　VBA的编程基础

用户如果想要使用VBA编写程序，就需要了解一些VBA编程的基础知识，例如数据类型、常量、变量以及函数等。

10.2.1　了解常用数据类型

在编程语言中，各种数据类型所占用的存储空间、表示的数据范围以及支持的数据运算不同。在Access VBA中，可用类型包括标准型、对象型和自定义型3种。

◆ 标准型

在Access VBA中，系统提供的标准型数据类型共9种，如表10-1所示。

表 10-1

数据类型	类型标识	符号	占用字节	取值范围
整数型	Integer	%	2	-32768 ~ 32767
长整数	Long	&	4	-2147483648 ~ 2147483648
逻辑型	Boolean		2	True 或 False（1 或 0）
单精度型	Single	!	4	1.401298e-45 ~ 3.402823e38
双精度型	Double	#	8	4.94065645841247E-324 ~ 1.79769313486232E308
货币型	Currency	@	8	-922337203685477.5808 ~ 922337203685477.5087
字符串	String	$	不定	根据字符串长度而定
变体型	Variant		不定	由最终的数据类型而定
日期型	Date		8	01,01,100 ~ 12,31,9999

◆ 对象型

对象型数据是指Access数据库中的各种对象，如窗体、报表等数据库中的对象，还有窗体、报表中使用的控件，如按钮、标签等。Access中常用的对象型数据类型如表10-2所示。

表 10-2

对象类型	对象名称	对象类型	对象名称
Database	数据库	Form	窗体
Report	报表	QueryDef	查询
TableDef	表	Recordset	记录集
Record	记录	Command	命令按钮
Text	文本框	Label	标签
Control	控件		

◆ 自定义型

在应用过程中可以建立包含一个或者多个VBA标准数据类型的数据类型，就是用户自定义数据类型。它不仅包含VBA标准的数据类型，还可以包含前面已经定义的其他用户定义数据类型。

用户定义数据类型可以在Type…End Type关键字之间定义，格式如下：

Type [数据类型名]
    <域名>As<数据类型>
    <域名>As<数据类型>
End Type

10.2.2　认识VBA中的常量

在VBA程序中，经常需要反复使用一些常数，为了方便查看和后期维护代码，可以为这些常数定义一个名称，然后在程序中使用定义的名称来代替常数。这个为常数定义的名称，就是常量。

◆ 系统内置常量

在VBA中，系统内置的常量有很多，一般由支持库定义。其中Microsoft Access相关的库中定义的常量一般以"ac"开头；ADO相关的库中定义的常量一般以"ad"开头；Visual Basic相关的库中定义的常量一般以"vb"开头。例如acForm、adAddNew和vbCurrency等。

◆ 用户自定义常量

在VBA中，使用Const关键字来自定义常量，其具体的格式如下：

Const 常量名 [as 数据类型] = 值

10.2.3　变量的定义与赋值

变量就是在程序执行过程中，其值可以改变的量。在VBA代码中，变量名的命名规定如下。

① 最长只能有255个字符；可以包含字符、数字或下划线。

② 必须以字母开头，不能包含标点符号或空格等。

③ 在VBA中有特定意义的VB语句以及其他某些词语不能用作变量名称。例如，If、Len、Empty、Loop或Abs等。

用户要想使用变量，首先需要定义（声明）变量，然后就可以给变量赋值和使用了。

◆ 定义变量

定义变量的方法通常有两种，分别是使用Dim等关键字来声明变量和使用类型符号定义变量。

使用关键字来声明变量。使用Dim等关键字声明变量的语法格式为"Dim[变量名]as[数据类型]"。例如要定义一个单精度变量"ygAge"，VBA语句为"Dim ygAge as Single"。

使用类型符号定义变量。VBA允许使用类型声明符来声明变量，类型声明符放在变量的末尾。例如，yg%表示定义一个整型变量yg，deName#表示定义一个双精度变量deName。

TIPS | *数组变量的定义* |

如果想要定义一个数组类型的变量，可以在变量名称中添加一个括号，在括号中分别设置大小和维数即可。

◆ 变量赋值

在VBA中进行代码赋值的操作十分简单，使用"="即可将其右侧的值赋予给左侧的变量，例如语句"i=1"可以将1赋值给变量i。

10.2.4　认识VBA中的标准函数

Access中的标准函数与Excel中的内置函数相似，都是系统事先定义好的，用来完成特定的功能。

Access VBA中主要提供了5种类型的标准函数，分别是输入/输出函数、数学函数、字符串函数、时间/日期函数以及类型转换函数。

◆ 输入/输出函数

输入/输出函数的作用是在用户需要时，打开一个对话框供用户输入或输出数据，能够有效减轻用户工作量。

输出函数MsgBox()。该函数又被称为消息框，其语法格式为"MsgBox(消息[,命令个数及形式][,标题文字][,帮助文件,帮助文件号])"，其中"消息"参数是必须的，其他都是可选的。默认的"命令个数及形式"参数是"确定"按钮，当中间若干个参数不写时，","不可缺少。如图10-2所示，新建一个模块，在其中使用MsgBox()函数弹出一个消息框。

图10-2

输入函数InputBox()。该函数又被称为输入框，其语法格式为"InputBox(<提示信息>[,标题][,默认][,x坐标][,y坐标][,帮助文件,帮助文件号]))"，其中"提示信息"参数是必需的，其他都是可选的。如图10-3所示，新建一个模块，在其中使用InputBox()函数获取一个整数，然后使用消息框返回这个整数加上100的结果（输入框返回的数据为字符型）。

图10-3

◆ 数学函数

数学函数又被称为算数函数，Access VBA中提供了8个标准的数学函数，如表10-3所示。

表 10-3

函数	函数名	说明及示例
Abs()	绝对值函数	返回数值表达式的绝对值，如 Abs(−3)=3
Int()	向下取整函数	返回表达式向下取整的结果，如 Int(−2.6)=−3
Fix()	取整函数	返回数值表达式的整数部分，如 Fix(2.3)=2

续表

函数	函数名	说明及示例
Round()	四舍五入函数	该函数有两个参数第一个参数为进行取舍的值，第二个参数为保留位数
Sqr()	开平方函数	计算数值表达式的平方根，Sqr(16)=4
Rnd()	取随机数函数	产生一个 0～1 之间的随机数，为单精度类型
Avg()	求平均数函数	获取一组数据或一个字段的平均值
Sum()	求和函数	获取一组数据或一个字段的和

◆ 字符串函数

在任何的程序中，都会有许多的数据需要进行处理，在这些数据中，大部分都是数值型和字符型，所以在程序中，也会提供一些用于处理字符的函数，下面介绍一些常用的，如表10-4所示。

表 10-4

函数	函数名	函数说明
InStr()	字符串检索函数	语法格式为 "InStr([Start,]<Strl>,<Str2>[,Compare])"，检索字符串 Str2 在字符串 Str1 中最早出现的位置，结果为整型数据。Start 为可选参数，为检查的起始位置，如省略，则从第一个字符开始检索；注意，如果 Str1 的长度为 0，或 Str2 检索不到，则返回 0；如果 Str2 的串长度为 0，则返回 Start 的值
Len()	字符串长度检测函数	语法格式为 "Len(String)"，返回字符串所含字符数。注意，定长字符，其长度是定义时的长度，和字符串实际值无关
Left()、Right() 和 Mid()	字符串截取函数	Left() 函数的语法格式为 "Left(<String>,<N>)"，该函数用于从字符串左边起截取 N 个字符；Right() 函数的语法格式为 "Right<String, <N>)"，该函数用于从字符串右边起截取 N 个字符；Mid() 函数的语法格式为 "Mid(<String>,<N1>,<N2>)"，用于从字符串左边第 N1 个字符起截取 N2 个字符
Space()	生成空格字符函数	语法格式为 "Space(<Number>)"，返回数值表达式的值指定的空格字符数，如 Space(5) 可以返回 5 个空格

◆ 日期/时间函数

在Access中，日期和时间都是一种较为特殊的数据，这些数据使用数学函数或者字符串函数处理都是比较麻烦的，为此，系统提供了一些专门用于处理日期和时间的标准函数。

获取系统日期和时间的函数。系统提供了3个用于获取系统日期和时间的函数，其中Date()函数用于获取系统的日期，Time()函数用于获取系统的时间，Now()函数用于获取系统的日期和时间，都是没有参数。

截取日期和时间分量函数。系统提供了一些获取日期和时间分量的函数，获取日期中的年份使用Year()函数；获取日期中的月份使用Month()函数；获取日期中的天数使用Day()函数；获取日期对应的星期使用Weekday()函数；获取日期中的小时使用Hour()函数；获取时间中的分钟使用Minute()函数；获取时间中的秒数使用Second()函数。

返回日期函数DateSerial()。语法格式为"DateSerial(year,month,day)"，该函数可以根据给定的年月日返回对应的日期。

日期格式化函数Format()。语法格式为"Format(date,fommat)"，该函数可以根据给定的格式代码将日期转换为指定的格式。

◆ 类型转换函数

在VBA程序中，虽然有些数据类型在需要的时候可以自动进行转换，但是在另外一些情况下，却要求使用指定类型的数据，这时候就需要将数据转换为该类型的数据再使用。

字符串转换字符代码函数Asc()。该函数只有一个字符串参数，它可以获取指定字符串第一个字符的ASCII值。

字符代码转换字符函数Chr()。该函数只有一个整型参数，它可以将字符代码转换为对应的字符，该函数常用于在程序中输入一些不容易直接输入的字符，如换行符等。

数字转换成字符串函数Str()。该函数只有一个数值型表达式参数，它可以将值转换为字符。需要注意，当数字转成字符串时，总会在开始位置保留一个空格来表示正负，表达式值为正，返回的字符串前有一个空格。

字符串转换成数值函数Val()。该函数只有一个字符串表达式参数，它可以将数字字符串转换成数值型数字。注意，数字串转换时可自动将字符串中的空格、制表符和换行符去掉，当遇到不能识别为数字的第一个字符时停止读入字符串，如表达式Val("10年1次的机会")返回的结果为数字10。

10.3 认识流程控制语句

在VBA中，如果没有使用任何流程控制语句，程序会按照代码顺序从上至下依次执行。如果用户需要改变代码的执行顺序，或是需要重复执行多次某段代码或是满足条件执行某段代码，则需要使用流程控制语句。

10.3.1 选择控制语句

选择控制语句又称为分支语句，它通过对给定的条件进行判断，满足不同条件有不同的处理方法。常见的选择控制语句有If语句和Select Case语句。另外，使用IF()函数也可实现If语句的功能。

◆If语句

If语句有两种不同的形式，分别是行If语句和块If语句。

行If语句结构需要将所有的代码写在一行，在结尾没有"End If"语句，如图10-4所示。

图10-4

块If语句是比较常用的一种，块If语句的结尾必须加上"End If"语句来标识If语句的结束，如图10-5所示。

图10-5

◆Select Case语句

当需要对一个表达式的不同取值情况进行不同处理时，使用If语句会显得结构复杂、较为麻烦，而使用Select Case语句可以使结构清晰。

Select Case语句的语法结构如下所示。

```
Select Case 表达式
Case 可选值1
    语句组1
......
Case 可选值n
    语句组n
Case Else
    语句组n+1
End Select
```

Select Case语句的功能为首先计算"表达式"的值，再由该值与下列的Case子句的可选值进行匹配，执行匹配项下的语句组，如果所有的都不匹配，则执行Case Else后面的语句块。

"表达式"可以是数值型或字符串型表达式。Case表达式可以有多种形式：①单个值或一列值，用逗号隔开；②用关键字To指定值的范围，第一个值不应大于第二个值；③使用关键字Is指定条件，后接关系操作符和一个变量或值；④前3个条件形式混用，多个条件之间用逗号隔开。

10.3.2　循环控制语句

循环结构非常适合解决过程相同、处理的数据相关，但处理的具体值不同的情况。能够解决这些情况的语句称为循环语句。

◆ While语句

对于只知道控制条件，不知道要循环执行多少次循环体的情况，可以使用While循环。While语句格式如下所示。

```
While 条件
    [循环体]
Wend
```

在如上的格式中，"条件"可以是关系表达式或逻辑表达式，条件成立时执行循环体，不成立时不执行循环体。执行循环体后再执行While语句，判断条件是否成立。

执行循环体需要注意：①While循环语句本身不能修改循环条件，应在循环体内设置相应的条件使整个循环趋于结束，避免死循环；②凡是用For…Next循环编写的程序，都可以用While…Wend语句实现。反之，则不然。

◆ Do…Loop语句

Do循环有较大的灵活性，可以根据需要判定是条件满足时执行循环体，还是一直执行循环体直到满足条件。其语句格式如下。

Do{While|Until} 条件

　　[循环体]

Loop

Do While语句与While语句相似，先判定条件满足，再执行；Do Until语句表示先循环，再判定条件是否满足。

在该循环中需要注意的是，"条件"可以放在Do语句后，也可以放在Loop语句后。

◆ For…Next语句

For…Next语句可以指定循环执行的次数，其语法格式如下所示。

For 循环变量 = 初值 To 终值 [Step 步长]

　　[循环体]

Next [循环变量]

在该语句格式中，"循环变量"指循环控制变量；"初值"和"终值"都是数值型，可以是数值表达式；"步长"是循环变量的增量，是一个数值表达式，如果步长是1，Step1可以省略；Next后面的循环变量与For语句中的循环变量必须相同。

For…Next语句的执行过程是：① 系统将初值赋给循环变量，并记下终值和步长；② 检查循环变量是否超过终值，超过则结束循环，否则执行一次循环；③ 执行Next语句时，将循环变量增加一个步长值再赋给循环变量，转到上一步继续执行。

◆ For Each…Next语句

For Each…Next语句用于对一个数组或集合中的每一个元素重复执行一组语句。其语法格式如下所示。

For Each 变量 in 集合

    [循环体]

Next

For Each…Next语句执行过程非常简单，就是对数组或集合中的每一个元素执行一次循环体，执行完毕后执行Next语句后的语句。

10.3.3　错误处理语句

错误处理语句可以帮助用户在编写代码的过程中，快速捕捉到运行过程中存在的错误。使用On Error语句则可以快速捕捉错误，其语句格式如下所示。

On Error Resume Next

On Error Goto 0

On Error Goto 标签或行号

其中，第一句用来忽略当前发生的错误，继续执行下一条代码；第二句用于关闭错误捕捉功能；第三句通过在出现错误时跳转去执行标签或行号处的程序代码来处理错误。

例如：

On Error GoTo Click_Err

    语句体

Click_Err:

    MsgBox Err.Description

例子中使用一条MsgBox语句在消息框中输出错误描述信息。

10.4　养成良好的编码习惯

用户在初学编程时，就应当养成良好的编程习惯。这样可以增强代码的可读性，为后期的维护或修改带来极大的方便。

对于初学者而言，应当养成如表10-5所示的一些习惯。

表 10-5

习惯	具体介绍
代码模块化	除了定义全局变量的语句和其他说明性语句外，其他代码都尽量放在 Sub 或 Function 过程中
添加功能注释	编写代码时加上必要的注释，方便维护或其他用户查看程序
变量显示声明	在每个模块中加入 Option Explicit 语句，强制对模块中所有变量进行显性声明
统一命名格式	变量的命名采取统一格式，尽量做到"顾名思义"
少用变体类型	在声明对象变量或其他变量时，应尽量使用确定的对象类型或数据类型，少用 Object 和 Variant，这样可以避免代码运行出错

10.5 认识对象和事件

Access主要采用"事件驱动"编程机制，当用户执行相应的操作，如单击鼠标或单击按钮等，都会触发相应的事件，Access则会执行相应代码。

10.5.1 Access事件类型

Access中提供了多种事件，常用的事件主要有以下几种。

◆ **窗口事件（窗体和报表事件）**：打开、关闭或调整窗体大小。
◆ **键盘事件**：按下或释放键盘按键。
◆ **鼠标事件**：单击、双击、拖动或按下鼠标等。
◆ **焦点事件**：激活、获得焦点或失去焦点等。
◆ **打印事件**：打印窗体或报表、打印格式化。
◆ **出错事件**：程序运算过程中出现的错误。

10.5.2 窗体和报表事件

窗体和报表事件主要是指窗体或控件相应的事件，且事件作用于整个窗体或报表。如表10-6所示为VBA中常用的窗体和报表事件。

表 10-6

事件名称	触发条件
Open	窗体/报表被打开，第一条记录未显示时
Load	窗体/报表载入内存，但未打开时
Unload	窗体/报表被关闭，但未从屏幕删除时
Close	窗体/报表被关闭，从屏幕删除时
Activate	窗体/报表获得焦点成为活动对象时
Click	单击窗体或报表时
Timer	当窗体/报表打开之后，每隔计时器间隔所设置的时间执行一次该事件中的代码

　　下面以在"员工管理系统"数据库中为"员工基本资料"窗体关闭之前设置一个询问的对话框，询问用户是否要关闭窗体，如果用户确定则关闭窗体，用户不确定则不关闭窗体。

实例演示 设置当用户关闭窗体时询问是否关闭

素材文件	◎素材\Chapter 10\员工管理系统.accdb
效果文件	◎效果\Chapter 10\员工管理系统.accdb

Step 01 打开"员工管理系统"素材，❶在设计视图中打开"员工基本资料"窗体，❷单击"卸载"属性右侧的⋯按钮，如图10-6所示

Step 02 在打开"选择生成器"对话框中选择"代码生成器"选项，单击"确定"按钮，如图10-7所示。

图10-6　　　　　　　　　　　　　　　　图10-7

Step 03 在打开的VBA代码窗口中输入卸载事件的代码，如图10-8所示。

Step 04 关闭数据库，重新打开数据库和其中的窗体，关闭窗体时，会弹出对话框询问是否关闭对话框，如图10-9所示。

图10-8

图10-9

实战演练

通过窗体输入销售清单

在本节主要介绍了Access VBA相关的知识，主要包括VBA编程基础、常量、变量、函数以及流程控制语句等，通过本章的学习，用户能够基本掌握Access VBA的使用方法。

下面通过在"销售管理"数据库中，通过窗体输入销售清单为例，讲解如何通过VBA代码将输入的字母全部转换为大写字母、如何将窗体中的数据添加到数据表中以及在窗体中使用快捷键为例，对本章知识进行整体回顾。

素材文件	◎素材\Chapter 10\销售管理.accdb
效果文件	◎效果\Chapter 10\销售管理.accdb

Step 01 打开"销售管理"素材，❶在设计视图中打开"录入销售清单"窗体，❷选择"交易编号"文本框控件，❸在属性表中单击"击键"属性右侧的▦按钮，如图10-10所示

Step 02 在打开的"选择生成器"对话框中双击"代码生成器"选项，在打开的VBA代码编写窗口中，输入将所有输入的字符转换为大写字母的代码，如图10-11所示。

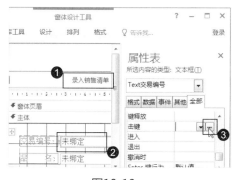

图10-10　　　　　　　　　　　　　图10-11

Step 03 ❶在窗体设计视图中选择"清空"按钮控件，❷在属性表中单击"单击"属性右侧的⋯按钮，如图10-12所示。

Step 04 在打开的对话框中双击"代码生成器"选项，在打开的VBA代码窗口中输入当前窗口中文本框清空的代码，如图10-13所示。

图10-12　　　　　　　　　　　　　图10-13

Step 05 ❶在窗体设计视图中选择"新增"按钮控件，❷在属性表中单击"单击"属性右侧的⋯按钮，如图10-14所示。

Step 06 在打开的对话框中双击"代码生成器"选项，在打开的VBA代码窗口中输入将窗口中的记录添加到表中的代码，如图10-15所示。

Step 07 ❶在窗体设计视图中选择"关闭"按钮控件，❷右击，选择"事件生成器"命令，在打开的对话框中双击"代码生成器"选项，如图10-16所示。

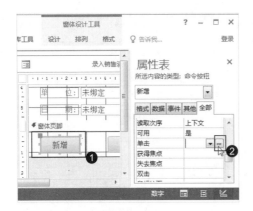

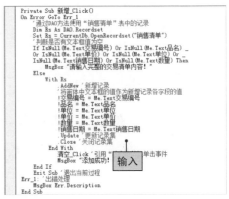

图10-14   图10-15

Step 08 在打开的VBA代码窗口中输入关闭当前窗口的代码，如图10-17所示。保存所有操作后关闭数据库。

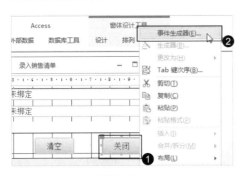

图10-16   图10-17

第11章
*Access*中
数据库系统的集成操作

通过前面章节的学习，相信用户已经能够制作一些功能简单的数据库应用程序了。在完成程序功能的制作之后，还需要对系统进行集成。集成后的系统不仅方便使用，还能有效保护数据。

创建系统窗体
导航窗体设计
自定义切换窗体设计
通过窗体切换到其他窗体

使数据库应用程序更像样
隐藏数据库中的对象
设置程序的名称、图标和启动项
隐藏Access程序背景

生成ACCDE文件

▼ Excel和Access对比学：数据系统构建问题

1. Excel可以运用超链接跳转集成简单的系统

在Excel中，如果一个工作簿中包含了多张相关的表格，为了方便选择跳转查看表格的数据，此时可以使用Excel自带的超链接功能制作一个导航界面跳转到多个工作表，快速集成一个简单的系统。例如在图11-1所示的"进销存管理系统"中，单击其中的对象，即可打开对应的工作表。

图11-1

其设置方法较为简单，只需要添加图片对象，然后为图片插入超链接即可快速实现，如图11-2所示，用同样的方法为其他图形设置超链接即可。

图11-2

2. Excel中运用窗体控制集成功能复杂的系统

在Excel中除了可以使用超链接集成简单的系统，还可以通过窗体和VBA代码集成功能强大的复杂系统。

如图11-3所示为通过在窗体中添加标签控件，并为控件添加单击事件集成的进销存管理系统的导航界面，通过该界面可以打开查看库存信息窗体、商品入库窗体、商品出库窗体以及退出系统。

图11-3

3. Access包装的数据库可以像专业的软件

由于Access本身就是桌面数据库系统，因此在设计数据库系统时可以进行更美观、更细致的设置，从而让设计出的数据库更像一个独立的系统。此外，还可以将创建的数据库系统生成ACCDE文件，从而保证了数据库文件的安全。

如图11-4所示为在Access中制作出的计件类信息管理数据库系统和图书管理系统。

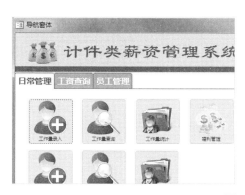

图11-4

11.1 创建系统窗体

在数据库管理系统中，数据管理功能都是通过一个个窗体来完成的。在每一个窗体中，都可以独立完成一项或者多项数据管理任务，只有将这些窗体的功能有机地整合之后，才能够实现完整的数据管理功能。

将各个功能窗体整合在一起的窗体称之为系统窗体，在Access中，可以创建的系统窗体有很多，包括导航窗体和自定义窗体等。下面介绍两种较为简单、实用的系统窗体。

11.1.1 导航窗体设计

导航窗体是只包含一个导航控件的窗体，可以在数据库中轻松地切换不同的窗体和报表。

下面以在"资料管理系统"数据库中创建导航窗体，并为导航窗体设置格式为例，讲解导航窗体的创建、设置和使用方法。

实例演示 为"资料管理系统"数据库创建导航窗体

| 素材文件 | ◎素材\Chapter 11\资料管理系统.accdb |
| 效果文件 | ◎效果\Chapter 11\资料管理系统.accdb |

Step 01 打开"资料管理系统"素材，❶在"创建"选项卡"窗体"组中单击"导航"下拉按钮，❷选择"垂直标签，左侧"选项，❸在导航窗格中选择"客户资料"窗体，❹将其拖动到导航窗体中的"新增"按钮上，如图11-5所示。

图11-5

Step 02 按照第1步中的方法，将其余需要添加到导航窗体中的窗体拖动到"新增"按钮之上，如图11-6所示。

Step 03 分别双击"客户资料查询"和"客户资料管理"按钮，删除按钮标题中的"客户"二字，如图11-7所示。

图11-6　　　　　　　　　　　　　　　　　图11-7

Step 04 双击窗体页眉中的标签控件，将其标题修改为"客户资料管理"，如图11-8所示。

Step 05 单击"窗体布局工具 设计"选项卡"页眉/页脚"组中的"徽标"按钮，如图11-9所示。

图11-8　　　　　　　　　　　　　　　　　图11-9

Step 06 ❶在打开的"插入图片"对话框中选择文件保存路径，❷选择素材文件夹中提供的"客户.png"图片，单击"确定"按钮，如图11-10所示。

Step 07 ❶单击"属性表"按钮打开属性表，❷设置图片的"缩放模式"属性为"缩放"，如图11-11所示。

图11-10   图11-11

11.1.2　自定义切换窗体设计

使用导航窗体创建系统窗体快捷方便，但是在一些情况下直接使用导航窗体是不合适的。这时候可以先自定义一个切换窗体，然后将切换窗体添加到导航窗体中。

下面以在"薪资管理系统"数据库中自定义切换窗体为例，讲解通过按钮创建简单的切换窗体的方法，其具体操作如下。

实例演示 **为"薪资管理系统"数据库创建自定义切换窗体**

素材文件	◎素材\Chapter 11\薪资管理系统.accdb
效果文件	◎效果\Chapter 11\薪资管理系统.accdb

Step 01 ❶打开"薪资管理系统"素材，❷单击"创建"选项卡中的"窗体设计"按钮，❸选择"窗体设计工具 设计"选项卡"控件"组中的"按钮"选项，❹在新建的窗体中绘制一个按钮（如果启用了使用控件向导功能此时会打开一个向导对话框，单击"取消"按钮），如图11-12所示。

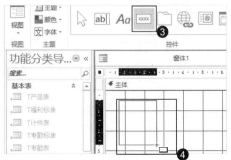

图11-12

Step 02 单击"属性表"按钮打开属性表，设置"图片标题排列"属性为"底部"，如图11-13所示。

Step 03 ❶单击"图片"下拉列表框右侧的下拉按钮，❷选择"员工"选项，如图11-14所示。

图11-13　　　　　　　　　　　图11-14

Step 04 在按钮上单击鼠标右键，在弹出的快捷菜单中选择"大小/正好容纳"选项，如图11-15所示。

Step 05 复制按钮，为窗体添加两个相同的按钮，更改按钮的图片和标题，如图11-16所示。

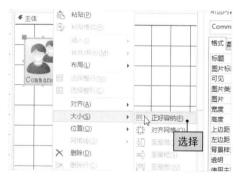
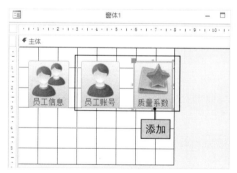

图11-15　　　　　　　　　　　图11-16

Step 06 选择所有按钮，在按钮上单击鼠标右键，选择"布局/表格"命令，如图11-17所示。

Step 07 适当调整按钮的位置、窗体的大小，然后以"员工信息管理"为名保存窗体，如图11-18所示。

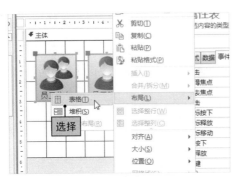

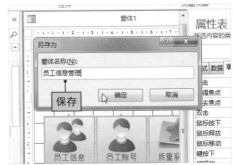

图11-17   图11-18

11.1.3　通过窗体切换到其他窗体

对于导航窗体而言，可以直接切换到所需要的报表或窗体，用户自己创建的系统窗体则需要为按钮添加一定的功能，才能够实现。

通过按钮切换至其他窗体的方法，在不使用VBA代码的情况下，有3种方法可以实现，分别为：通过控件向导打开窗体、通过嵌入宏打开窗体和通过超链接打开窗体。

◆通过控件向导打开窗体

用户在为窗体添加控件时，可以启动控件向导，从而为控件添加一定的功能。

下面以为"客户资料管理系统"数据库的切换窗体中添加按钮并为其添加打开窗体的功能为例，讲解通过控件向导添加打开窗体的方法。

实例演示 **为"客户资料管理系统"数据库添加打开窗体的按钮**

素材文件	◎素材\Chapter 11\客户资料管理系统.accdb
效果文件	◎效果\Chapter 11\客户资料管理系统.accdb

Step 01 ❶打开"客户资料管理系统"素材，❷单击"创建"选项卡中的"窗体设计"按钮，如图11-19所示。

Step 02 单击"控件"组中的"其他"按钮，选择"使用控件向导"选项，使该选项处于选择状态，如图11-20所示。

图11-19

图11-20

Step 03 ❶展开"控件"组，选择"按钮"选项，使"按钮"选项处于选择状态，❷在窗体中绘制一个按钮，按钮的大小和位置任意，如图11-21所示。

Step 04 ❶在打开的对话框中的"类别"列表框中选择"窗体操作"选项，❷在"操作"列表框中选择"打开窗体"选项，如图11-22所示。

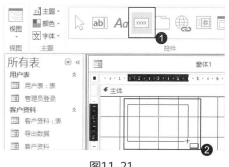

图11-21

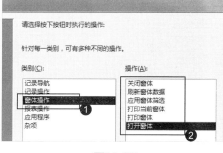

图11-22

Step 05 单击"下一步"按钮，❶在打开的对话框中选择"客户资料"选项，❷单击"完成"按钮，如图11-23所示。

Step 06 设置按钮的属性，保存窗体，将窗体切换至窗体视图，❶单击添加的按钮，❷可以打开"客户资料"窗体，如图11-24所示。

图11-23

图11-24

TIPS *控件使用说明*

通过控件向导为控件添加功能，实质上也是通过宏来实现的，这与下面将要讲解的第2种方法在本质上是相同的，只是使用的手段不同而已。

◆通过嵌入宏打开窗体

通过宏可以实现许多操作，为按钮控件的单击事件添加嵌入宏，在宏中设置打开窗体的操作，即可在单击按钮时打开指定的窗体。

下面以为"员工薪资管理"数据库"员工信息管理"窗体的"员工信息"按钮添加打开"FM员工信息管理"窗体的嵌入宏为例，讲解通过嵌入宏打开窗体的方法。

实例演示 **为"员工信息"按钮嵌入宏从而打开窗体**

素材文件	◎素材\Chapter 11\员工薪资管理.accdb
效果文件	◎效果\Chapter 11\员工薪资管理.accdb

Step 01 打开"员工薪资管理"素材，❶在设计视图中打开"员工信息管理"窗体，选择"员工信息"按钮，❷单击属性表中"单击"属性右侧的⋯按钮，如图11-25所示。

Step 02 在打开的对话框中选择"宏生成器"选项，单击"确定"按钮，如图11-26所示。

图11-25　　　　　　　　　　图11-26

Step 03 ❶在打开的宏生成器的操作目录中，展开"操作/数据库对象"目录，选择"OpenForm"选项，❷按住鼠标左键不放将其拖动到宏生成器中，如图11-27所示。

Step 04 ❶单击"窗体名称"列表框右侧的下拉按钮，❷选择"FM员工信息管理"选项，如图11-28所示。

图11-27 　　　　　　　　　　　　　　　图11-28

Step 05 ❶单击"窗体"选项卡中的"视图"下拉按钮，❷选择"窗体视图"选项，❸单击"员工信息"按钮，❹即可打开对应的窗体，如图11-29所示。

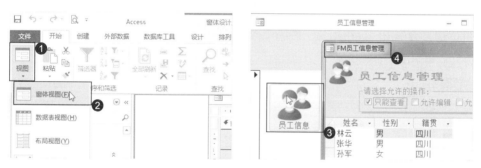

图11-29

◆ 通过超链接打开窗体

在Excel中可以通过超链接实现不同工作表的跳转，十分方便，在Access中，用户也可以通过超链接实现相关操作。用户可以为按钮等控件设置超链接属性，然后单击控件来打开指定的对象。

下面以在"日常事务管理"数据库中为"切换窗体"窗体的按钮设置超链接为例，讲解通过超链接打开窗体的方法。

实例演示 为"日常事务管理"数据库的按钮设置超链接

素材文件	◎素材\Chapter 11\日常事务管理.accdb
效果文件	◎效果\Chapter 11\日常事务管理.accdb

Step 01 打开"日常事务管理"素材，❶以设计视图打开"切换窗体"窗体，选

择"一般员工"按钮控件，❷单击属性表中"超链接地址"属性右侧的圖按钮，如图11-30所示。

Step 02 ❶在打开的对话框中单击"此数据库中的对象"按钮，❷选择"窗体/一般员工基本资料"选项，如图11-31所示，单击"确定"按钮完成超链接的设置，并为按钮名称添加下划线效果。

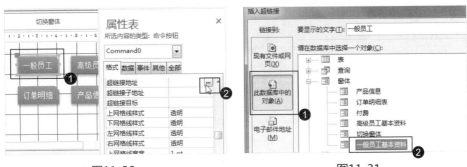

图11-30　　　　　　　　　　　图11-31

Step 03 ❶选择"高级员工"按钮控件，❷单击"开始"选项卡中的"格式刷"按钮，❸单击"一般员工"按钮取消下划线效果，如图11-32所示。

Step 04 单击"一般员工"按钮，即可打开"一般员工基本资料"窗体，如图11-33所示。

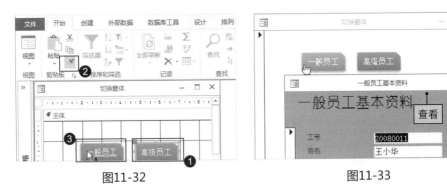

图11-32　　　　　　　　　　　图11-33

TIPS 超链接的其他作用

Access中的超链接不仅可以链接到数据库中的对象，还可以链接到现有文件、网页等，实现快速跳转。

11.2 使数据库应用程序更像样

完成数据库管理系统的创建之后，为了防止系统用户对程序基础数据和功能的破坏，一般需要将Access中的基础表、查询等进行隐藏。

而对于需要发布的数据库应用程序而言，仅完成功能设置是不够的，还需要对其进行进一步设置，使其与普通应用程序相似，例如为应用程序设置启动项、隐藏应用程序界面等。

11.2.1 隐藏数据库中的对象

在Access中，隐藏数据库中的对象的方法有两种，一种是在导航窗格中隐藏部分对象，另一种是隐藏导航窗格。

◆ 隐藏导航窗格中的部分对象

如果需要隐藏导航窗格中的部分对象，可以选中这些对象，然后单击鼠标右键，选择"在此组中隐藏"命令即可，如图11-34所示。

图11-34

隐藏导航窗格中的对象，还可以以组为单位进行隐藏，只需要在组名称上单击鼠标右键，选择"隐藏"命令即可，如图11-35所示。

图11-35

◆隐藏导航窗格

在许多功能完备的数据库应用系统中，导航窗格是完全没有必要存在的，这时候就可以将导航窗格隐藏。

隐藏导航窗格需要在"Access选项"对话框中进行，其具体的方法为：以任意方法打开"Access选项"对话框，❶切换至"当前数据库"选项卡，❷在"导航"组中取消选中"显示导航窗格"复选框，❸单击"确定"按钮，如图11-36所示。

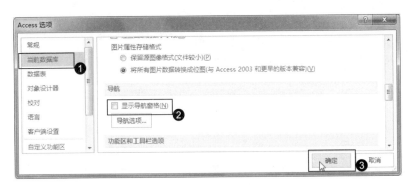

图11-36

11.2.2　设置程序的名称、图标和启动项

为了使Access数据库应用程序与其他程序相似，可以为数据库应用程序设置单独的名称、图标和启动项。在Access中，这些都可以在"Access选项"对话框的"当前数据库"选项卡中进行设置。

下面以为"成绩管理系统"数据库设置数据库名称、图标和启动项为例，讲解这些设置的实现方法。

实例演示　为"成绩管理系统"数据库设置数据库名称、图标和启动项

素材文件	◎素材\Chapter 11\成绩管理系统\
效果文件	◎效果\Chapter 11\成绩管理系统\

Step 01　打开"成绩管理系统"素材，单击"文件"选项卡，单击"选项"按钮，如图11-37所示。

Step 02　❶在打开的"Access选项"对话框中单击"当前数据库"选项卡，❷在"应用程序标题"文本框中输入"成绩管理"文本，如图11-38所示。

图11-37 图11-38

Step 03 ❶单击"应用程序图标"文本框右侧的"浏览"按钮，❷在打开的"图标浏览器"对话框中选择素材文件夹中的图标，单击"确定"按钮插入图标，如图11-39所示。

Step 04 ❶选中"用作窗体和报表图标"复选框，❷单击"显示窗体"下拉按钮，❸选择"系统切换面板"选项，如图11-40所示。完成设置后关闭"Access选项"对话框即可。

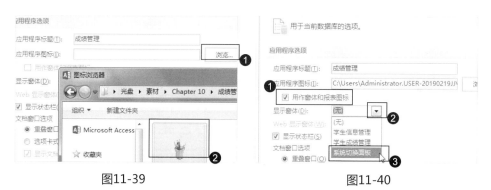

图11-39 图11-40

11.2.3 隐藏Access程序背景

对于一些数据库应用程序而言，Access程序背景可能不需要显示，所以要将其隐藏。主要有两种方法，分别是隐藏程序背景和最小化背景。

◆ 隐藏程序背景

在Access中没有直接隐藏程序背景的功能，需要借助API()函数实现。

①首先需要在窗口的模块中声明API()函数，即在窗口的代码窗口的最开始位置输入如下代码。

Option Explicit

Private Declare Function ShowWindow Lib "user32"_

(ByVal hwnd As Long, ByVal nCmdShow As Long) As Long

②然后在窗口的加载事件中输入如下代码，即可将窗口隐藏。

ShowWindow Me.Application.hWndAccessApp,0

如果需要将隐藏的窗口显示出来，则需要使用如下代码。

ShowWindow Me.Application.hWndAccessApp,1

在将程序背景隐藏之前，需要将程序中所有窗口的"弹出方式"和"模式"属性设置为"是"。

◆最小化背景

在将整个程序背景隐藏时，可能会出现一些意想不到的问题，为了避免这些问题的出现，用户也可以采用将Access程序背景最小化的方法来实现隐藏背景的功能。

将Access程序背景最小化很简单，只需要一句代码就可以实现。

DoCmd.RunCommand acCmdAppMinimize

如果想要将最小化的程序背景恢复，可以使用下面的代码。

DoCmd.RunCommand acCmdAppMaximize

11.3 生成ACCDE文件

在完成导航窗体的制作之后，为了保护数据库中所创建的窗体、报表和模块对象不被他人恶意修改，提高数据库的安全性，可以将其保存为ACCDE文件。

生成ACCDE文件的方法与保存文件的方法类似，❶ 在"文件"选项卡单击"另存为"选项卡，❷ 单击"数据库另存为"选项卡，❸ 在其中双击"生成ACCDE"按钮，即可将数据库另存为ACCDE文件，如图11-41所示。

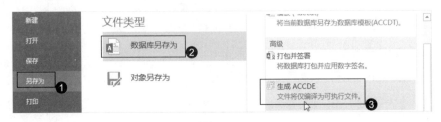

图11-41

实战演练

集成"学生管理系统"

在本节主要介绍了数据库应用程序后续制作的一些过程和方法，下面通过集成"学生管理系统"数据库为例，对本章学习的内容进行回顾。

素材文件	◎素材\Chapter 11\学生管理系统.accdb
效果文件	◎效果\Chapter 11\学生管理系统.accdb

Step 01 打开"学生管理系统"素材，❶创建一个导航窗体，❷分别将"学生成绩管理"和"学生信息管理"窗体添加到导航窗体中，将"弹出方式"和"模式"属性设置为"是"，❸将"登录"按钮代码中的登录成功执行的操作代码改为打开"导航窗体"的代码，如图11-42所示。

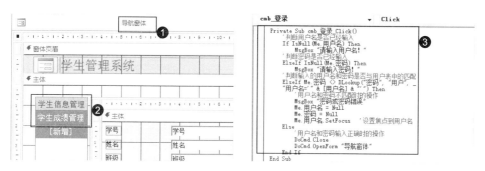

图11-42

Step 02 ❶打开"Access选项"对话框，在"当前数据库"选项卡中将显示窗体设置为"登录"，❷在"登录"窗体的加载事件中添加隐藏Access程序背景的代码，如图11-43所示。

图11-43

Step 03 ❶在"导航窗体"窗体的卸载事件中添加显示Access程序背景的代码，❷单击"文件"选项卡，在"另存为"选项卡中双击"生成ACCDE"按钮，生成Accde文件，如图11-44所示。

图11-44

TIPS *启动但不运行数据库系统的方法*

对于简单的通过隐藏Access程序背景的方法隐藏的程序（文件格式仍然为accdb），如果希望程序启动之后不进入运行阶段，而是打开程序查看其中的对象和代码，就需要在启动程序时按住【Shift】键。

第12章
定制人力资源
薪酬管理系统

通过前面章节的学习，用户已经能够掌握Access相关的基础知识，并制作出简单的数据库系统。本章将综合前面所学知识，构建完整的计件类薪资管理系统，讲解数据库系统从无到有的制作方法。

案例概述及效果展示

制作流程分析

实战制作详解

制作基本表
制作员工基本信息管理模块
制作计件管理功能模块
制作计件工资管理模块
......

12.1 案例概述及效果展示

在日常工作中，有许多公司都是按照员工的工作量给员工支付工资。这类给付工资模式就称之为计件类薪资支付。如果手动计算，不仅费力，还可能产生许多错误。

本章将结合本书所学知识，制作一个计件类薪资管理系统，如图12-1所示的是该系统的部分效果图。

素材文件	◎素材\Chapter 12\图标\
效果文件	◎效果\Chapter 12\计件类薪资管理系统.accdb

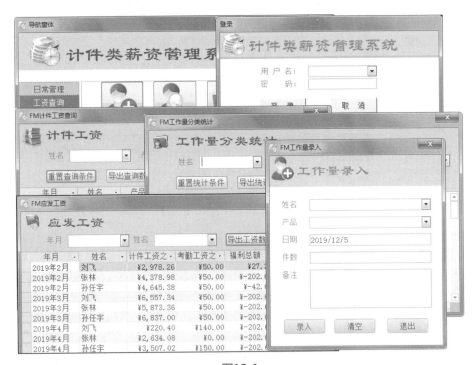

图12-1

12.2 制作流程分析

在本例中，员工的基本工资由计件工资、考勤奖惩和员工福利3部分组成，其中：

计件工资=员工工作量×配件单价×员工质量系数

考勤扣除=缺勤次数×扣除基础（如果没有缺勤，则给予全勤奖励）

员工福利=全勤奖+社保扣除+带薪假+奖金

在制作数据库管理系统之前，需要先制作基础表，这些表是整个数据库的基础，只有当这些数据表设计完善之后，才能够进行接下来的查询、窗体和报表的设计。

为了体现系统性，应该在系统中使用风格相似的窗体、报表和图标等，完全可以采用"复制+修改"的方式，快速实现窗体和报表的制作。

根据本例中需要完成的系统功能，采用如图12-2所示的制作流程。

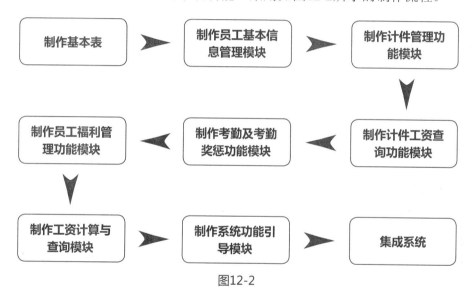

图12-2

12.3　实战制作详解

通过对计件类薪酬管理系统的分析，已经大致了解该系统应该具有的功能和系统制作流程。下面通过实战制作详解计件类薪酬管理系统是如何实现的。

12.3.1　制作基本表

基本表是数据库中数据存储的重要场所，是数据库功能实现的基础。

在制作数据库管理系统时，首先要分析需要使用到的数据，并将这些数据分配到基本表中。如表12-1所示为本例中使用到的表和包含的字段。

表12-1

表名称	包含的字段
T 员工信息表	姓名、性别、籍贯、身份证号码、入职时间、质量系数、账号、密码
T 产品表	产品名称、单价、预计件数
T 计件表	姓名、产品、日期、件数、备注、记录时间
T 考勤标准	考勤类别、考勤扣除
T 福利标准	全勤、带薪假、社保扣除
T 考勤表	姓名、日期、考勤类别、次数或天数、备注
T 每月福利表	姓名、日期、社保补助、带薪假天数、奖金、备注

Step 01 新建一个"计件类薪酬管理系统"数据库，❶打开"Access选项"对话框，选中"重叠窗口"单选按钮后单击"确定"按钮，❷在返回的界面单击"创建"选项卡中的"表设计"按钮，在设计视图下创建表，如图12-3所示。

图12-3

Step 02 ❶在设计视图中为表添加字段，并设置合适的数据类型，❷在"字段类型"列中设置了数据类型后，还要在下方对字段属性进行设置，如图12-4所示。

图12-4

Step 03 ❶将表保存为"T员工信息表"，❷选择"身份证号码"字段的数据类型"短文本"，❸单击"输入掩码"属性右侧的■按钮，❹在打开的对话框中单击"编辑列表"按钮，如图12-5所示。

Step 04 ❶在打开的对话框中设置掩码说明和掩码，单击"关闭"按钮，❷返回到"输入掩码向导"对话框中，选择自定义的身份证掩码选项，单击"完成"按钮，如图12-6所示。

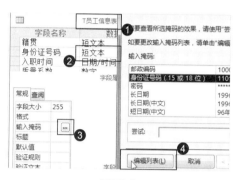

图12-5

图12-6

Step 05 ❶选择"密码"字段的数据类型"短文本"，❷单击"验证规则"属性右侧的■按钮，❸在打开的对话框中输入语句，如图12-7所示。

Step 06 对"性别"字段通过"查询向导"手动输入值"男"和"女"，如图12-8所示。

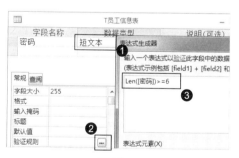

图12-7

图12-8

TIPS 为同一类型对象设置统一名称

在制作数据库应用程序时为了区分对象，需要为对象设置具有实际含义的名称。除此之外，本章中，还对不同对象进行了分类，基本表为"T"、查询为"Q"、窗体为"F"以及报表为"R"等

Step 07 完成后在表中输入相应的数据，按照同样的方法依次制作"T产品表""T考勤标准""T福利标准"表，如图12-9所示。

Step 08 ❶创建"T计件表"数据表，❷设置"姓名"字段为查阅字段，查询的字段为"T员工信息表"中的"姓名"字段，同样设置"产品"字段为查阅字段，如图12-10所示。

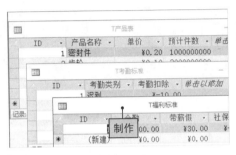

图12-9

图12-10

Step 09 ❶设置"日期"字段为"日期/时间"类型，❷设置其默认值为"=Date()"，如图12-11所示，设置"时间"字段为"日期/时间"型，默认值为"=Time()"。

Step 10 采用与创建"T计件表"相同的方式，创建"T考勤表"和"T每月福利表"，并分别在这些表中输入数据，如图12-12所示。

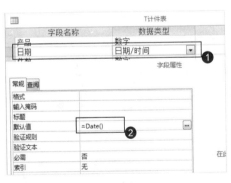

图12-11

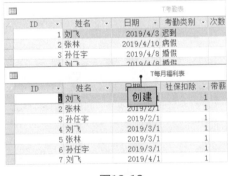

图12-12

Step 11 单击"数据库工具"选项卡中的"关系"按钮，在打开的窗口中查看已经创建好的表之间的关系（使用了查阅向导查阅其他表中的字段作为当前表字段的可选值，这就在两个表之间创建了一个关系），如果关系不完整，则需要手动进行创建关系，如图12-13所示。

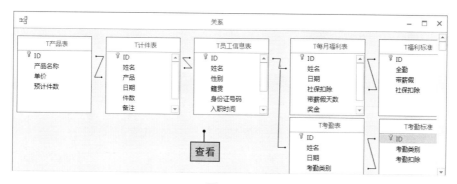

图12-13

12.3.2 制作员工基本信息管理模块

本例中对员工信息管理主要包含3部分，分别是员工基本信息、员工质量系数和员工账号管理。

对员工信息的管理，主要是对员工信息进行增、删、改、查操作。本例中主要采用数据表窗体来展示数据，因为在数据表窗体中可以直接对窗体中的数据进行增加、删除、修改等操作。相关设计操作如下。

Step 01 ❶选择"T员工信息表"表，❷单击"创建"选项卡中的"窗体向导"按钮，❸将"姓名""性别"和"籍贯"字段添加为选定字段，如图12-14所示。单击"下一步"按钮。

图12-14

Step 02 ❶在打开的对话框中选中"数据表"单选按钮，❷依次单击"下一步"按钮，输入窗体名称"F员工信息"后保存窗体，如图12-15所示。然后按照同样的方法创建"F员工账号"和"F质量系数"两个数据表布局窗体。

图12-15

Step 03 ❶单击"创建"选项卡中的"窗体设计"按钮，创建空白窗体，❷在属性表的"格式"选项卡中设置窗体格式，如图12-16所示。

Step 04 ❶将属性表切换至"全部"选项卡，❷设置"弹出方式"和"模式"属性值为"是"，如图12-17所示。

图12-16　　　　　　　　　　　　图12-17

Step 05 ❶将"F员工信息"窗体拖动到窗体主体中，❷在属性表中设置宽度、高度、上边距和左边距分别为12cm、6cm、0cm、0cm，❸并将其保存为"FM员工信息管理"，❹在窗体的"主体"节上右击，❺选择"窗体页眉/页脚"命令，如图12-18所示。

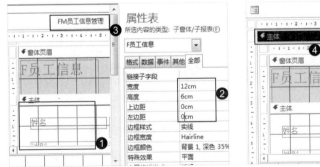 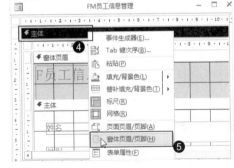

图12-18

Step 06 ❶通过插入图片的方式插入"员工"图片，并将其放置到页眉左上角，作为徽标，❷添加一个标签控件，设置窗体标题，❸在"窗体设计工具 设计"选项卡中选择"选项组"控件，❹在窗体页眉中绘制，如图12-19所示。

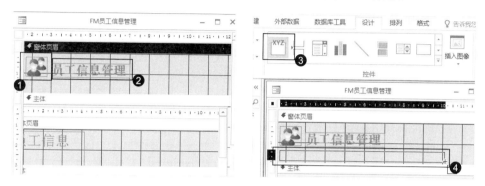

图12-19

Step 07 设置标签名称分别为"只能查看""允许编辑"和"允许添加"，依次单击"下一步"按钮，❶设置选项组的属性，❷单击"完成"按钮退出设置，如图12-20所示。

Step 08 ❶选择"选项组"控件，❷在属性表窗格的"事件"选项卡中单击"更新后"事件右侧的 按钮，如图12-21所示。

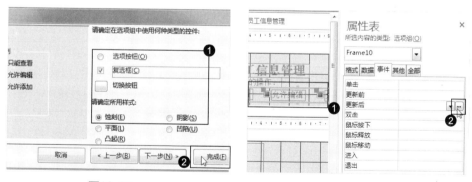

图12-20　　　　　　　　　　　　　　　　图12-21

TIPS 选项组中只能选择一个对象

　　使用选项组时，选项组中的对象只能选择一个。如果需要同时选择多个对象（就像普通的复选框一样），则不能够使用"选项组"控件，而需要使用单独的"复选框"等控件。

Step 09 在打开的对话框中双击"代码生成器"选项，在打开的VBA编辑器窗口中输入代码，在选项组更新后，允许执行选中的操作代码，如图12-22所示。

Step 10 通过复制"FM员工信息管理"窗体，更改其中的子窗体，并修改窗体标题和代码的方式来制作"FM员工账号管理""FM员工福利管理"和"FM质量系数管理"等窗体，如图12-23所示。

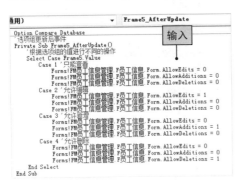

图12-22

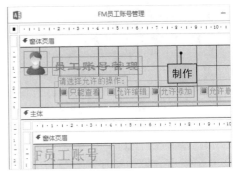

图12-23

Step 11 ❶创建一个空白窗体，将其保存为"FM员工管理导航"，❷在其中添加"员工信息"图片按钮，❸设置其属性，如图12-24所示。

Step 12 为按钮添加单击单击事件，在事件过程中输入代码，实现单击该按钮打开"FM员工信息管理"窗体，如图12-25所示。

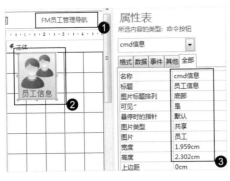

图12-24

图12-25

Step 13 复制"员工信息"按钮，修改其图片、名称和标题，同时修改按钮的单击事件，使单击按钮可以打开对应的窗体，如图12-26所示。

Step 14 当导航窗格中的对象逐渐增多时，可以在导航窗格中的空白处右击，在弹出的快捷菜单中选择"导航选项"命令，❶在打开的对话框中添加"功能分类导航"项目，❷在该项目中添加多个分组，最后将导航方式切换为"功能分类导航"，将对象拖动到对应的组中即可，如图12-27所示。

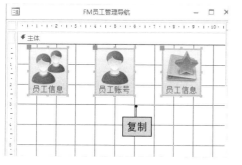

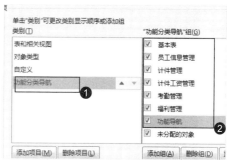

图12-26　　　　　　　　　　　　　　图12-27

12.3.3　制作计件管理功能模块

计件管理功能模块主要需要实现以下几个方面的功能。

◆**每日工作量输入**：在员工每日工作完成后，都需要自己或者管理员手动输入当前的工作量，该功能需要一个输入窗体。

◆**每日工作量明细管理**：员工输入工作量后，自己或者管理员有时需要检查、更改输入的工作量，这就需要对工作量进行查询、修改等操作。

◆**工作量分类统计**：为了方便了解每个员工、每样产品或者每段时间的生产情况，还需要对工作量进行分类统计。

1. 制作工作量录入窗体

工作量录入窗体的制作方法比较简单，其具体操作如下。

Step 01 ❶选择"T计件表"表，单击"窗体向导"按钮，添加需要的字段单击"下一步"按钮，❷在打开的对话框中选中"纵栏表"单选按钮，如图12-28所示，单击"下一步"按钮，在打开的对话框中设置窗体名称为"工作量录入"单击"完成"按钮。

图12-28

Step 02 逐个选择窗体中的文本框控件，在属性表中删除这些表的控件来源，最后删除窗体的记录源，并保存窗体为"FM工作量录入"，如图12-29所示。

Step 03 在属性表的"格式"和"其他"选项卡中设置窗体的格式，基本与"FM员工信息管理"窗体相同，如图12-30所示。

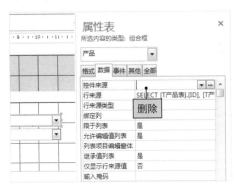

图12-29

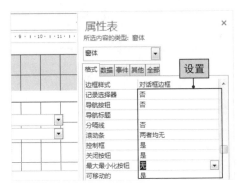

图12-30

Step 04 ❶在窗体页眉的窗体名称之前插入一张图片，❷在窗体页脚部分插入3个按钮，并同步修改按钮名称，如图12-31所示。

Step 05 ❶选择"日期"文本框，❷在"数据"选项卡的"默认值"属性框中输入"=Date()"，如图12-32所示。

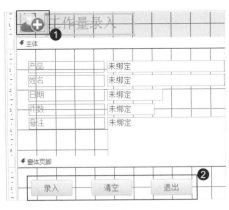

图12-31

图12-32

Step 06 为"录入"按钮添加单击事件，输入相应的代码，实现在该事件中先判断姓名、产品、日期和件数是否输入完整，没有输入完整则退出事件过程，输入完整则将其录入到"T计件表"中，如图12-33所示。

Step 07 ❶为"清空"按钮设置单击事件，使得在"清空"按钮单击事件中的日期为当前日期，其余均为空值，❷为"退出"按钮添加单击事件，使用DoCmd命令关闭当前窗体，如图12-34所示。

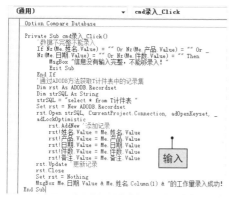

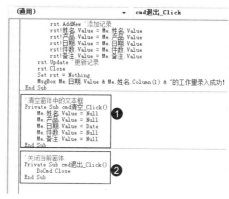

图12-33   图12-34

　　在窗体中录入工作信息，单击"录入"按钮，会打开12-35左图所示的对话框，这是因为Access中没有应用定义的库文件。❶需要在VBA编辑窗口中执行"工具/引用"命令，❷在打开的对话框中选中"Microsoft ActiveX Data Objects 6.1 Library"复选框即可，如12-35中、右图所示。

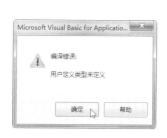

图12-35

2. 制作工作量明细管理窗体

在工作量明细管理窗体中，需要实现以下4个方面的功能。

◆ 姓名、产品和日期的组合查找，可以输入部分或者全部的指定条件并在"T计件表"中查找满足条件的所有记录。

◆ 查找之后，可以将查询条件和结果清除以查看所有的工作量记录，也可以将查询的结果导出到其他的文件或程序之中。

◆ 可以打开"FM工作量录入"窗体，然后在该窗体中录入新的工作量记录。

◆ 根据需要，可以直接对查询结果进行修改、删除和新增操作；在打开窗体时默认不可以进行这些操作。

下面详细讲解制作工作量明细管理窗体的方法。

Step 01 制作"FM工作量明细管理"窗体，在该窗体中，"姓名"和"产品"文本框的"行来源"属性值分别为查询对应基础表的字段，列数为2，第1列宽为0，两个日期文本框默认值为当月的第一天和最后一天，如图12-36所示。

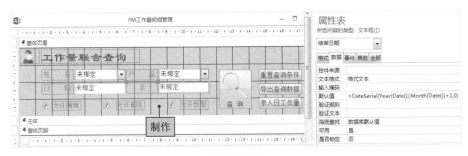

图12-36

Step 02 创建一个包含"T计件表"中所有字段的"Q工作量查询结果"查询，切换到设计视图，❶在"姓名"列"条件"单元格中右击，❷选择"生成器"命令，❸在打开的对话框中输入表达式，设置当查询姓名不为空时，返回对应记录，否则返回姓名为任意值的记录，如图12-37所示。

图12-37

Step 03 ❶为"产品"字段输入与"姓名"字段类似的条件，然后为日期字段输入条件表达式，❷以"Q工作量查询结果"查询为数据源创建数据表窗体"F工作量查询结果"，将其作为子窗体添加到"FM工作量明细管理"窗体的主体节，并适当设置格式，如图12-38所示。

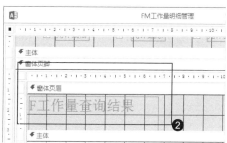

图12-38

Step 04 ❶为"查询"按钮添加单击事件，输入相应的代码，❷为"重置查询条件"按钮添加单击事件，输入相应代码，如图12-39所示。

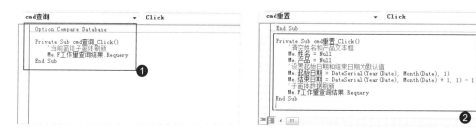

图12-39

Step 05 ❶为"导出查询数据"按钮添加单击事件，输入相应的代码，❷为"录入工作量"按钮添加单击事件，输入相应代码，如图12-40所示。

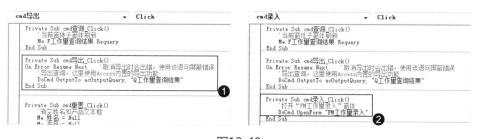

图12-40

Step 06 ❶添加窗体加载事件，使得窗体的加载事件中设置子窗体的允许编辑、允许删除和允许新增属性均为0，将3个复选框值也设置为0，❷输入代码设置复选框的更新后事件，在各个事件中设置子窗体的对应属性值等于对应的复选框的值，如图12-41所示。

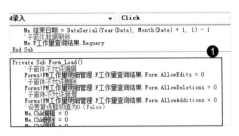

图12-41

3.制作工作量分类统计窗体

在工作量分类统计窗体中，需要实现的功能与工作量明细管理窗体类似，可以在该窗体的基础上修改得到所需的窗体。

下面详细讲解制作工作量分类统计窗体的方法。

Step 01 ❶复制工作量明细管理窗体，删除其中不必要的控件，添加"年月"组合框，❷将窗体名称重命名为"FM工作量分类统计"，如图12-42所示。

Step 02 选择"年月"组合框，单击属性表"行来源"属性框右侧的■按钮，在打开的查询生成器中输入如下代码，如图12-43所示。

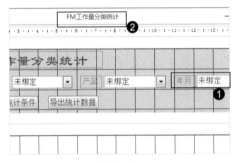

图12-42

图12-43

TIPS │ *设置条件表达式的查询不能另作他用*

在查询中设置了条件表达式，并且这个表达式与某个窗体中的控件相似时，该查询就不能够在其他地方直接使用，否则容易出错。

Step 03 ❶创建查询设计，将"T计件表"中的字段添加到查询中，并为查询添加总计，❷设置"件数"字段汇总方式为"合计"，其余为"Group By"，❸将查询保存为"Q工作量汇总"，如图12-44所示。

Step 04 在"日期"字段上右击，选择"生成器"命令，在打开的生成器中输入将日期转换为对应的年月的表达式，如图12-45所示。

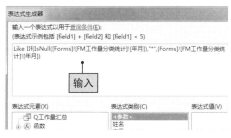

图12-44　　　　　　　　　　　　　　图12-45

Step 05 ❶以"Q工作量汇总"查询为数据源创建数据表窗体"F工作量汇总"，❷打开"Q工作量汇总"查询，在"姓名"字段的"条件"单元格中右击，选择"生成器"命令，如图12-46所示。

图12-46

Step 06 ❶在打开的生成器中输入条件表达式，然后为"产品"字段输入相似的表达式，❷将"F工作量汇总"窗体添加到"FM工作量分类统计"窗体的"窗体页脚"块中，为"FM工作量分类统计"中3个窗体添加更新后事件，使每一个组合框更新之后，都对窗体进行一次刷新，如图12-47所示。

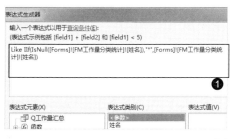

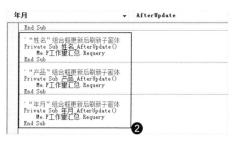

图12-47

Step 07 ❶分别为"重置统计条件"和"导出统计数据"按钮添加单击事件的代

码，❷完成后切换到窗体视图，即可查看最终效果，如图12-48所示。

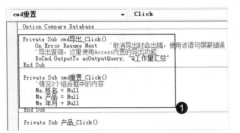

图12-48

12.3.4　制作计件工资管理模块

在已知每天工作量的情况下，可以统计出每月每个员工生产各种产品的量，然后结合产品单价进行计算，就可得出每月各员工的计件工资。

计算出计件工资后，可以制作一个计件工资查询窗体，根据员工信息进行查询，并将数据进行汇总处理。

Step 01 ❶以"T计件表"和"T员工信息表"为基础，创建"Q计件工资辅助表"查询并添加总计行，❷以"Q计件工资辅助表"查询为数据源创建"Q计件工资"查询，❸添加"计件工资"计算字段，如图12-49所示。

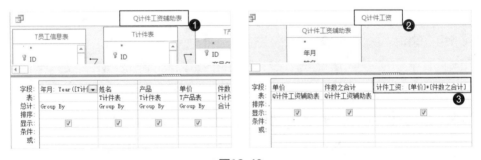

图12-49

Step 02 ❶以"Q计件工资"查询为数据源创建数据表窗体"F计件工资"，❷设置该窗体不允许编辑、删除和添加，最后设置计件工资的格式为"货币"，❸复制"FM工作量分类统计"窗体，创建为"FM计件工资查询"，❹更改"姓名"组合框数据源为"T员工信息表"中的"姓名"字段，如图12-50所示。

图12-50

Step 03 ❶将"F计件工资"窗体添加到"FM计件工资查询"窗体的主体中，调整大小和布局，❷在"Q计件工资"查询中添加查询条件，与"Q工作量汇总"查询中的条件相似，如图12-51所示。

图12-51

Step 04 ❶打开VBA代码编辑器，将"FM计件工资查询"窗体代码中的对象修改为当前窗体的对象，❷完成后即可查看最终效果，如图12-52所示。

图12-52

12.3.5　制作员工考勤管理模块

员工管理主要有考勤录入、考勤记录查询与修改、考勤月统计和考勤奖惩4方面的内容，其具体的要求和制作方法如下所示。

◆ **考勤输入**：将员工的缺勤录入"T考勤表"中，可以复制"FM工作量录入"窗体进行修改制作，但需要将代码进行少量修改。

◆ **考勤明细管理**：考勤明细管理与"FM工作量明细管理"窗体功能相似，复制该窗体进行修改得到所需窗体，但需要将代码进行少量修改。

◆ **考勤月统计**：考勤月统计与"FM工作量分类统计"窗体功能相似，复制该窗体进行修改得到所需的窗体，但需要将代码进行少量修改。

◆ **考勤奖惩计算**：考勤奖惩计算是本节中相对复杂的功能，需要先统计出某月员工的缺勤次数，然后引用考勤标准中的数据计算奖惩。当员工没有任何缺勤时，需要给予员工全勤奖励。

1. 制作考勤录入窗体

考勤录入窗体的制作方法十分简单，其具体制作过程如下所示。

Step 01 复制"FM工作量录入"窗体，并进行合理调整，创建"FM考勤录入"窗体，如图12-53所示。

Step 02 在窗体的模块中，根据实际情况修改代码，将原窗体中的对象修改为当前窗体中的对象，如图12-54所示。

图12-53　　　　　　　　　　图12-54

2. 制作考勤明细管理窗体

考勤明细管理窗体的具体制作过程如下所示。

Step 01 ❶以"T考勤表"中所有字段为数据源创建"Q考勤明细"查询，❷以"Q考勤明细"查询中的所有字段为数据源创建数据表窗体"F考勤明细"，如图12-55所示。

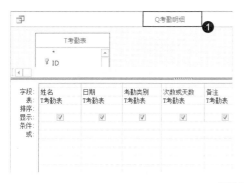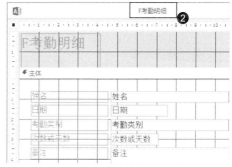

图12-55

Step 02 ❶复制"FM工作量明细管理"窗体，并进行合理调整，创建"FM考勤明细管理"窗体，❷将"F考勤明细"窗体作为子窗体添加到"FM考勤明细管理"窗体中，如图12-56所示。

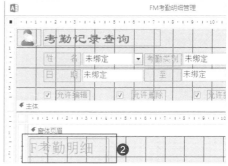

图12-56

Step 03 ❶将窗体模块中的原有窗体相关对象替换为现有窗体的相关对象，可以使用查找替换功能，❷在"Q考勤明细"查询中输入查询的条件，这些与"Q工作量查询结果"查询中的条件相似，如图12-57所示。

图12-57

3. 制作考勤月统计窗体

考勤月统计窗体的制作主要分为3步，分别是制作汇总窗体、制作数据表窗体和制作查询窗体。具体操作如下。

Step 01 ❶以"T考勤表"中的字段做为数据源创建"Q考勤汇总"查询，❷更改"日期"字段为"年月"字段，❸添加总计行。❹以"Q考勤汇总"查询中所有字段为数据源创建数据表窗体"F考勤汇总"，如图12-58所示。

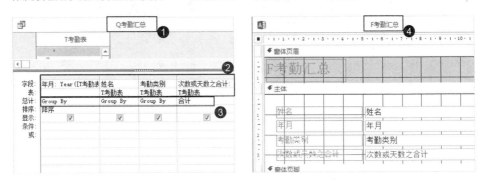

图12-58

Step 02 ❶复制"FM工作量分类统计"窗体，修改其中的标题，对控件进行调整，保存为"FM考勤月统计"，❷将"F考勤汇总"窗体作为子窗体添加到"FM考勤月统计"窗体中，如图12-59所示。

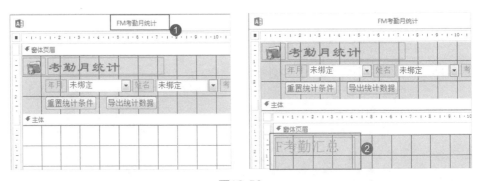

图12-59

Step 03 ❶在"Q考勤汇总"查询中输入查询条件，这些条件与"Q工作量汇总"查询中的条件相似，❷对"FM考勤月统计"模块中的代码进行修改，将其中原窗体中的对象修改为现有窗体中的对象，如图12-60所示。

图12-60

4. 制作考勤奖惩窗体

考勤奖惩窗体的制作过程如下。

Step 01 ❶以"T考勤表"中的字段作为数据源创建"Q员工上班年月"查询，❷更改"日期"字段为"年月"字段，❸添加辅助字段为姓名与年月字段的文本链接。❹复制"Q考勤汇总"查询，重命名为"Q考勤汇总2"，❺删除条件行中的内容并添加辅助字段，如图12-61所示。

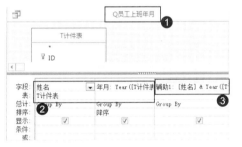
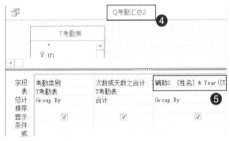

图12-61

Step 02 ❶创建"Q考勤工资辅助"查询，切换到SQL视图并输入代码，将"员工上班年月"和"Q考勤汇总2"查询中的"辅助1"等于"辅助2"字段的记录连接起来，❷创建"Q考勤工资"查询，用同样的方法输入代码，实现选择"Q考勤工资辅助"查询和"T考勤标准"表中的字段，创建"Q考勤工资"查询并计算考勤工资，如图12-62所示。

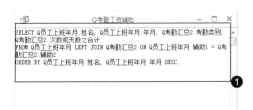

图12-62

Step 03 ❶以"Q考勤工资"查询中的字段为数据源创建"F考勤工资"数据表窗体，❷复制"F计件工资查询"窗体，删除其中的子窗体控件，修改其中的标题和控件，创建"FM考勤奖惩查询"窗体，如图12-63所示。

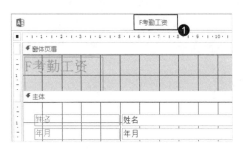

图12-63

Step 04 将"F考勤工资"窗体添加到"FM奖励惩罚查询"窗体的主体部分，❶在"Q考勤工资"查询中输入查询条件，条件为等于"FM考勤奖励查询"窗体对应控件中的值，❷修改"FM考勤奖励查询"窗体中的代码，如图12-64所示。

图12-64

12.3.6 制作员工福利管理模块

福利表主要包含3个部分，分别为社保补助、带薪假和奖金。其中，社保补助在较长一段时间内固定不变；带薪假是指考勤请假以外公司给予的福利；奖金则视员工工作情况而定。具体制作方法如下。

Step 01 ❶以"T每月福利表"为数据源创建"Q每月福利表"查询，并在其中计算带薪假福利和福利总额，❷以"Q每月福利表"查询为数据源创建"F每月福利表"窗体，并将其中的金额字段设置为货币格式，如图12-65所示。

图12-65

Step 02 ❶复制"FM员工信息管理"窗体,修改其中的标题、图标等,保存为
"FM员工福利管理",❷将"F每月福利表"窗体作为子窗体添加到"FM员工福
利管理"窗体中,调整布局,使数据显示完整,如图12-66所示。最后修改窗体
模块中的代码(只需要修改主窗体和子窗体的窗体名称)。

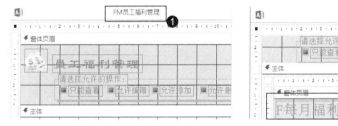

图12-66

12.3.7 制作工资计算及查询模块

在前面已经计算出了员工计件工资、考勤工资和员工福利,现需根据
这些数据计算员工的应发工资。

Step 01 ❶复制"Q每月福利表""Q计件工资"和"Q考勤工资"查询,删除查
询中的条件,❷以"Q计件工资2"查询为数据源创建"Q计件工资汇总"查询,
如图12-67所示。

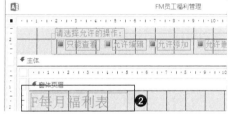

图12-67

Step 02 ❶以"Q考勤工资2"查询为数据源创建"Q考勤工资合计"查询，❷创建"Q工资汇总"查询，通过拖动字段的方式创建字段间的关系，如图12-68所示。

图12-68

Step 03 ❶在查询设计器中从上方3个查询中将要添加的字段拖动到下方表格中，并添加计算字段计算应发工资，❷以"Q工资汇总"查询为数据源创建"F工资汇总"窗体，❸设置该窗体允许编辑的属性为"否"，如图12-69所示。

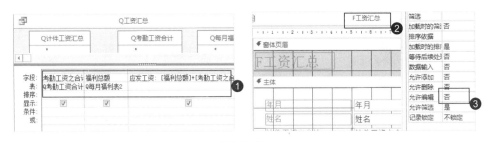

图12-69

Step 04 ❶复制"FM考勤月统计"窗体创建"FM应发工资"窗体并修改其中的控件，❷将"F工资汇总"窗体添加到"FM应发工资"窗体中，如图12-70所示。

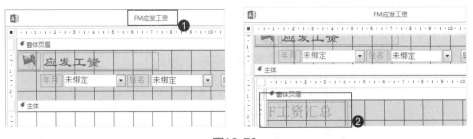

图12-70

Step 05 ❶在窗体模块中修改代码，删除多余代码，将代码中的对象改为当前窗体的对象，❷在"Q工资汇总"查询中添加查询条件，使得程序自动根据"FM应发工资"窗体中选择的年份和姓名参数在子窗体中筛选出对应数据记录，如图12-71所示。

图12-71

12.3.8 制作系统功能引导模块

通过前面的步骤已经基本完成系统功能，本节主要介绍如何将系统串联起来形成一个整体，这里将按照如图12-72所示的系统功能进行串联，组成系统。

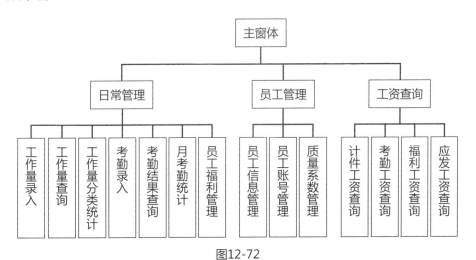

图12-72

通过对比数据库文件，发现系统中还缺少两个切换窗体和一个主窗体。切换窗体可以通过复制"FM员工管理导航"窗体修改得到，主窗体则通过创建一个导航窗体来实现。下面进行具体介绍。

Step 01 ❶复制"FM员工管理导航"窗体，复制按钮，修改按钮图片、标题和名称属性，❷重命名为"FM日常管理导航"，❸为每个按钮的单击事件输入打开对应功能窗体的代码，如图12-73所示。

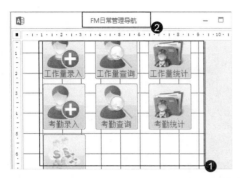
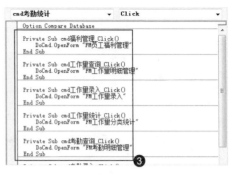

图12-73

Step 02 ❶复制"FM员工管理导航"窗体，复制按钮，修改按钮图片、标题和名称属性，❷重命名为"FM工资查询导航"，❸为每个按钮的单击事件输入打开对应功能窗体的代码，如图12-74所示。

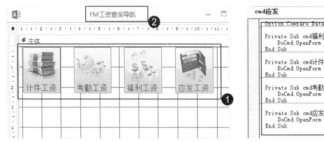

图12-74

Step 03 ❶创建一个导航窗体，修改其徽标、标题，设置其边框样式为对话框边框，设置"弹出"属性为"是"，❷将导航窗体切换至布局视图，将前面创建的两个窗体和"FM员工管理导航"窗体添加到导航窗体中，并修改对应的导航标签，如图12-75所示。

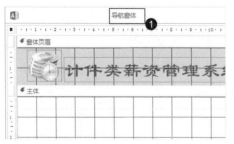

图12-75

12.3.9　集成系统

完成系统功能设置和系统导航设置后，就需要将这些功能集成为一个完整的系统。这一部分主要包括两个步骤，分别是制作登录窗体和进行系统设置，下面分别进行介绍。

1.制作登录窗体

登录窗体可以根据用户是否登录成功进行不同操作，在本例中，打开窗体时隐藏程序背景，关闭窗体时显示程序背景；登录成功打开导航窗体、隐藏程序背景；登录失败关闭窗体时，关闭数据库相关制作操作如下。

Step 01 ❶创建一个登录窗体，在其中添加需要的控件，用户名组合框行为来源为员工信息表中的"账号"字段，❷为"登录"按钮添加单击事件，并在该事件中判断用户名和密码，根据结果进行相关操作，如图12-76所示。

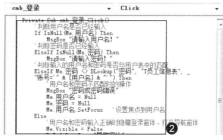

图12-76

Step 02 ❶为登录窗体添加关闭、加载和卸载事件，关闭该窗体时关闭数据库，加载该窗体时隐藏Access背景，卸载时显示Access背景，再为"取消"按钮添加单击事件，❷为导航窗体添加关闭事件，当关闭导航窗体时，关闭"登录"窗体的代码，如图12-77所示。

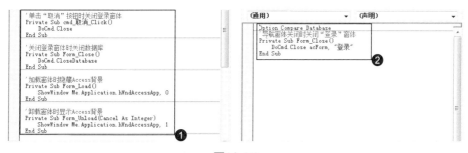

图12-77

2. 系统设置

这是系统设置的最后部分，主要涉及启动窗口的添加，禁用系统菜单、设置程序的名称、图标等，下面进行具体介绍。

Step 01 ❶打开"Access选项"对话框，单击"当前数据库"选项卡，❷设置应用程序标题、图标和显示窗体，❸向下拖动滚动条，选中"关闭时压缩"复选框，可以防止数据库膨胀，如图12-78所示。

图12-78

Step 02 ❶取消选中"显示导航窗格""允许全部菜单"和"允许默认快捷菜单"复选框并保存，❷关闭并重新启动数据库即可查看到最终登录效果，如图12-79所示。

图12-79